KB179348

감각 측정에 관한
베버-페히너 법칙 이야기

전파과학사는 독자 여러분의 책에 관한 아이디어와 원고 투고를 기다리고 있습니다. 디아스포라는 전파과학사의 임프린트로 종교(기독교), 경제·경영서, 일반 문학 등 다양한 장르의 국내 저자와 해외 번역서를 준비하고 있습니다. 출간을 고민하고 계신 분들은 이메일 chonpa2@hanmail.net로 간단한 개요와 취지, 연락처 등을 적어 보내주세요.

감각 측정에 관한
베버-페히너 법칙 이야기

–
초판 1쇄 2013년 09월 16일
개정 1쇄 2024년 07월 11일

–
지 은 이 최행진
발 행 인 손동민
디 자 인 이현수

–
펴낸 곳 전파과학사
출판등록 1956. 7. 23. 제 10-89호
주   소 서울시 서대문구 증가로18, 204호
전   화 02-333-8877(8855)
팩   스 02-334-8092
이 메 일 chonpa2@hanmail.net
공식 블로그 http://blog.naver.com/siencia

ISBN 978-89-7044-658-5 (03400)

• 이 책은 저작권법에 따라 보호받는 저작물이므로 무단전재와 무단복제를 금지하며, 이 책 내용의 전부 또는 일부를 이용하려면 반드시 저작권자와 전파과학사의 서면동의를 받아야 합니다.
• 파본은 구입처에서 교환해 드립니다.

감각 측정에 관한
베버-페히너 법칙이야기

최행진 지음

전파과학사

지은이 서문

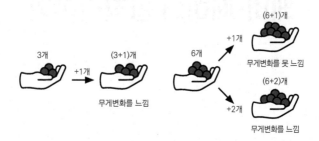

그림은 손바닥 위에 구슬을 올려놓은 후 구슬을 추가하면서 무게 변화를 언제부터 느끼는지 알아 본 실험이다. 변화를 느끼기 위해 추가되는 구슬은 처음 올려 놓은 구슬의 수에 비례하여 증가함을 알 수 있다. 만약 9개의 구슬을 처음에 올려 놓았다면, 최소한 3개의 구슬을 추가해야 무게의 변화를 느낄 수 있다. 이 상황에서 우리는 베버 상수라는 것을 정의한다. 베버 상수는

$$베버\ 상수$$
$$= \frac{변화를\ 느끼는\ 최소한의\ '자극\ 변화량'}{처음\ 자극의\ 세기} =$$
$$\frac{변화를\ 느끼는\ 최소한의\ '나중\ 자극의\ 세기'-처음\ 자극의\ 세기}{처음\ 자극의\ 세기}$$

으로 정의한다.

베버 상수를 정의했으니 이제 우리는 베버 법칙을 기술할 수 있다. 베

4

버 법칙이란 무엇인가? 어떤 특정한 사람의 특정 감각에 대해 처음 자극의 세기와 상관없이 베버 상수의 값이 일정하다는 것이 베버 법칙이다. 이해하기 어려운 법칙이 절대 아니다. 정말 단순한 법칙이다. 그러나 베버 법칙을 이렇게 이해하면, 베버 법칙의 진가를 결코 알 수 없다. 본 책의 궁극적인 목적은 베버 법칙의 진가를 알리기 위함이다. 좀더 정확히 말하자면, 베버 법칙의 업그레이드 버전인 베버-페히너 법칙[1]의 진가를 알리는 것이 본 책의 궁극적인 목적이다. 베버-페히너 법칙을 공부해야 베버 법칙이 얼마나 신기하고 재미있는 법칙인지 비로소 알 수 있다. 그러나 베버-페히너 법칙을 제대로 이해하는 것은 쉬운 일이 아니다. 그래서 필자가 책을 집필하게 됐다. 특히 심리학을 전공한 사람이라면 페히너 법칙을 반드시 배웠을 것이고, 페히너 법칙은 쉽게 이해할 수 있는 법칙이어서 그에 대해 잘 알고 있다고 생각할 것이다. 그러나 혹시 독자가 심리학 전공자이더라도, 상당수의 독자는 본 책을 읽고 나면 자신이 페히너 법칙을 제대로 알았던 것이 아니었음을 깨닫게 될 것이다.

고등학교 지구과학 교과 시간에 포그슨 방정식을 배운다. 별의 밝기에 관한 공식인데 이 공식은 베버-페히너 법칙의 한 예다. 그리고 이 사실을 아는 사람들은 별로 없는데, 악기를 만들 때 기술자들은 악기 음의 진동수가 등비수열을 이루도록 악기를 제작한다. 그 이유는 그렇게 제작해야 조옮김을 해서 음악을 연주해도 어색하지 않기 때문이다. 그리고 조옮김을 해도 어색하지 않은 이유를 이해하려면 베버-페히너 법칙을 이해해야

---

1) 페히너 법칙이라고도 한다.

한다.

베버-페히너 법칙의 예가 여러 가지 있지만, 악기 음의 진동수가 등비수열을 이루도록 악기를 제작하는 이유를 통해서 베버-페히너 법칙을 음미해야 한다. 사실, 다른 예를 통해서는 베버-페히너 법칙을 제대로 이해하기 힘들다. 악기 음의 진동수가 등비수열을 이루도록 악기를 제작하는 이유를 통해서 베버-페히너 법칙을 이해한 후 베버-페히너 법칙의 다른 예들을 이해하려고 노력하자.

베버-페히너 법칙이란 사람의 감각기관이 대부분 외부의 자극에 대하여 로그함수적으로 반응한다는 것을 말한다. 예를 들어 밝기가 F_1과 F_2인 두 물체가 있다면, 사람의 눈은 그 밝기의 차이를 $\log \frac{F_2}{F_1}$에 비례해 지각한다. 이러한 눈의 특성을 잘 살펴볼 수 있는 사례가 별의 등급체계이다. 별의 등급은 고대 그리스의 천문학자인 히파르코스에 의해 도입됐다. 히파르코스는 1등급부터 6등급까지 정했다. 등급이 클수록 별은 어두우며, 맨눈으로는 약 6등급의 별까지 볼 수 있다. 그런데 별의 밝기가 100배이면 등급으로는 5등급의 차이가 나도록 정의한다.[2] 즉, 별의 등급은 밝기의 로그함수로서, 1등급의 차이가 밝기로는 $100^{1/5}=2.512$배라는 것이다.[3]

페히너 법칙의 수식이 단순해서 결과에 이르는 유도 과정도 간단할 것

---

2) 등급이 1만큼 변할 때 변하기 전의 밝기와 변한 후의 밝기의 비율이 순서대로 $r_{6\to5}$, $r_{5\to4}$, $r_{4\to3}$, $r_{3\to2}$, $r_{2\to1}$이라고 하자. 그러면 $r_{6\to5}\times r_{5\to4}\times r_{4\to3}\times r_{3\to2}\times r_{2\to1}=100$ 이 성립한다는 말이다.

3) $r_{6\to5}$, $r_{5\to4}$, $r_{4\to3}$, $r_{3\to2}$, $r_{2\to1}$ 이 다섯 개의 값들이 모두 일치하지 않고 제각각이라면 평균값은 얼마일까? 모두 더한 뒤에 5로 나누면 될까? 그렇지 않다. 평균값을 r이라고 하면,

$$r \times r \times r \times r \times r = 100$$

이어야 한다. 즉 이때의 평균은 우리가 보통 사용하게 되는 산술평균이 아니라 간혹 사용하게 되는 기하평균이다.

이라고 대부분의 독자가 생각할 것 같다. 그러나 역사적으로 그 과정을 추적해 보면 그런 생각이 틀리다는 것을 알게 될 것이다. 페히너 법칙을 유도하는 과정은 생각보다 까다롭다. 두 가지 이유 때문에 본 책의 초반부에서 다루는 '페히너 법칙을 엄밀하게 유도하는 과정'을 가장 마지막으로 읽거나 유도 과정을 아예 읽지 말라고 권하고 싶다. 첫 번째 이유는 독자가 유도 과정을 읽다가 정작 재미있는 뒷부분을 읽기도 전에 흥미를 잃을 수도 있기 때문이다. 두 번째 이유는 유도 과정은 본 책의 주요 목적에 들어가지 않기 때문이다. 본 책의 주요 목적은 페히너 법칙이 실제로 어떤 양상으로 나타나고 있는지 그 구체적인 예들에 관해 설명하는 것이다. 하지만 그렇다고 해서 유도 과정을 이해하기에 너무 어려운 것은 아니니까 부담스러워하지 말고 유도 과정까지 독자가 읽기를 바라는 마음이다.

| 차례 |

제0장

표기법

0.1. 외래어

외래어는 국립국어원에서 제공하고 있는 외래어 표기법에 따라 표기했다. 외래어 표기법에 등록돼 있지 않은 단어의 경우에는 원어를 그대로 표기했다.

0.2. 미분 연산자

도함수를 나타낼 때 우리는 흔히 $\dfrac{dy}{dx}$처럼 표기한다. 그러나 이러한 표기법은 사실 그다지 좋지 않은 표기법이다. $\dfrac{dy}{dx}$에서 $\dfrac{d}{dx}$는 x에 대해서 미분하라는 연산자이다. 그러나 연산자는 이탤릭체가 아니라 로만체로 쓰는 것이 원칙이다. 예를 들어 우리는 덧셈을 나타내는 기호를 +으로 표기하지 않는다. 그래서 필자는 도함수를 나타낼 때 $\dfrac{dy}{dx}$로 표기했다.

0.3. JND

본 책에서 JND라는 용어가 자주 등장한다. 이 용어는 Just Noticeable Difference의 첫 문자를 딴 것이다. 만약 이 용어가 어렵게 느껴진다면 이 용어를 우리말로 바꿔서 읽으라고 권장하고 싶다. JND를 우리말로 해석하면 '겨우 인식할 수 있는 차이'이다.

제1장

무거움과 베버 법칙

베버 법칙과 페히너 법칙이 각각 발표되던 시기까지 두 사람 외에 두 법칙의 발상을 한 사람들이 있다. 간략히 살펴보자.

1.1. 베버

1825년 독일의 생리학자 에른스트 하인리히 베버(Ernst Heinrich Weber)베버는 여러 가지 물리적인 자극에 대한 인간의 반응을 측정할 수 있는 공식을 만들었다. 베버는 눈가리개를 하고 물체를 들고 있는 사람에게 무게를 점진적으로 증가시키면서 무게의 증가를 처음으로 느낀 시점을 물어보는 실험을 실시했다. 이 실험에서 베버는 인간의 반응이 무게의 절대적인 증가가 아니라 상대적인 증가에 비례한다는 사실을 발견했다. 이를테면, 300g의 물체를 들고 있는 사람이 무게가 311g으로 증가할 때 처음으로 무게의 증가를 느낄 수 있다면, 이 사람이 600g의 물체를 들고 있을 때는 무게가 22g 증가하여 622g이 돼야 처음으로 무게의 증가를 느낄 수 있다. 900g의 물체를 들고 있는 이 사람은 33g이 증가하여 933g이 돼야 처음으로 반응을 일으킨다. 이를 수식으로 나타내면

$$ds = k \frac{dW}{W}$$

이 된다. 여기서 ds은 인식할 수 있는 가장 작은 '반응의 증가량', dW는 이에 대응하는 '무게의 증가량', W는 현재의 무게, k는 비례상수이다.

베버는 그 뒤 물리적인 압박에 의한 고통, 빛의 밝기에 대한 인식, 소리의 세기에 대한 인식과 같은 모든 종류의 생리적 반응을 설명할 수 있

도록 이 법칙을 일반화했다. 나중에 독일의 물리학자 페히너가 베버 법칙을 업그레이드해 널리 보급했는데, 이에 따라 베버-페히너 법칙이라고 부르게 됐다.[1]

1.2. 베버 이전의 부게르부터 베버 이후의 페히너까지

베버-페히너 법칙에서 구현되는 발상은 독립적으로 여러 번 기술됐다.

1.2.1.부게르와 마송

첫 번째는 프랑스의 지구물리학자 피에르 부게르(Pierre Bouguer)의 1760년의 책인 것 같다. 두 촛불을 스크린으로부터 다른 거리에 둔다. 두 촛불 중 하나는 그림자를 드리우는데, 다른 촛불이 이 그림자를 없앤다. 부게르는 이 상황에서 두 세기의 비율이 $\frac{1}{64}$이라는 것을 발견했다. 빛의 밝기가 변할 때 이 비율의 변화를 관찰하지 못했다고 그는 신중하게 언급했다. 마송은 1845년 논문에서 새로운 방법으로 그 실험을 반복했다. I는 눈이 순응하는 세기이고 $\triangle I$는 변화를 겨우 느끼는 세기라고 하자. 비록 사람마다 $\frac{\triangle I}{I}$값이 다르지만 세기에 관계없이 한 사람에 대해서는 $\frac{\triangle I}{I}$값이 일정하다고 마송은 보고했다.

---

1) 페히너 법칙이라고도 한다.

1.2.2. 슈타인하일

위 단락에서 언급된 전개상황과 독립적으로, 1837년의 논문에서 슈타인하일은 그가 새로이 발명된 프리즘 광도계를 가지고 측정가능한 강도에서 $\frac{1}{38}$ 이라는 것을 발견했다.

1.2.3. 페히너

마지막으로 독일의 자연과학자·철학자인 구스타프 페히너(Gustav Theodor Fechner)가 그 관계를 관찰했다. 1858년의 논문에서 페히너는 그을린 유리를 삽입해 구름의 밝기가 감소된 후조차 그 구름의 그늘의 약간의 차이가 여전히 인식될 수 있다는 것을 주목했다. 2개의 촛불과 1개의 그림자로 부게르의 실험을 반복한 결과 $\frac{\triangle I}{I}$ 값이 한결같이 $\frac{1}{100}$ 임을 증명했다. 이것을 기초로 하여 페히너는 별의 등급과 별의 광도의 세기 사이의 관계를 조사했다. 진작부터 별들은 6개의 겉보기등급들로 분류돼 있었다. 만약 등급이 1씩 변할 때마다 실제 세기가 일정한 비율로 변한다면, 등급의 등차수열은 광도 세기의 기하급수에 대응해야 한다. 이용가능한 천문학 자료들을 이용해 페히너는 별의 등급 M과 그것의 세기 I 사이의 관계식

$$M = k\log I + C$$

을 기술했다. 이러한 관계식은 슈타인하일에 의해 1837년의 논문에서 이미 발견됐다. 페히너는 밝기에서 문턱 차이를 낳는 두 세기 사이에 일정한 비율 관계가 있다는 발상을 전개했다. 그는 이 일정한 비율 관계를 웨버 법칙이라고 불렀다. 차이 문턱이 감각에서의 단위변화를 나타낸다는

가정 하에 그는 웨버 법칙을

$$\triangle S = k \frac{\triangle I}{I}$$

으로 썼다. 적분하면

$$S = k \log I + C$$

인데, 이것을 페히너가 정신물리학적 법칙이라고 불렀다. 그는 심리학과 철학에서 그의 사색을 위한 토대로 이것을 사용했다.

제2장

길이와 베버 법칙

슈타인하일과 동일한 시기에 그리고 독립적으로, 1834년의 책에서 베버는 1이나 2만큼 30에서 차이가 나면 우리가 두 무게를 식별할 수 있다는 것을 발견했다. 무게에 대한 실험에서 베버 상수가 $\frac{1}{30} \sim \frac{2}{30}$ 으로 관찰되었다는 말이다. 선분의 길이에 대해서도 베버 상수가 일정했다. 만약 길이에 상관없이 두 선분이 1만큼 100에서 차이가 나면 우리가 두 선분을 겨우 식별할 수 있었다. 선분 길이에 대한 실험에서 베버 상수가 $\frac{1}{100}$ 으로 관찰됐다는 말이다. 예를 들어 두 선분을 나타낸 아래 그림을 보자. 왼쪽 선분의 길이는 실제로 60mm인데 오른쪽 선분의 길이보다 짧거나 같다.

독자 여러분들은 두 선분의 길이가 같게 느껴지는가 아니면 다르게 느껴지는가? 왼쪽 선분의 길이는 60mm이므로, 두 선분의 길이가 다르게 느껴지려면 오른쪽 선분의 길이는 최소 60.6mm가 돼야 한다. 오른쪽 선분의 길이는 실제로 61mm이다. 차이를 느끼지 못하겠다는 독자도 많을 것이다. 그러나 베버 법칙은 수학 법칙이 아니다. 베버 상수를 측정했을 때 당연히 약간의 편차가 있을 수 있다. 동일한 상황에서 사람마다 베버 상수는 조금씩 다를 수 있다. 또한 동일한 사람이라도 동일한 상황에서 베버 상수가 조금씩 다를 수 있다.

제3장

페히너 법칙을 엄밀하게 유도

1860년에 그의 책 「정신물리학의 요소」(Elemente der Psychophysik)에서 페히너는 베버 법칙에 기반해 로그함수로 표현되는 그의 정신물리학 법칙을 유도했다. 그때 이후로, 페히너의 이 법칙을 유도하려면 베버 법칙이 반드시 필요하다는 생각이 지속돼 왔다. 그러나 페히너의 책이 출판되기 120여 년 전인 1738년에 수학자이자 물리학자인 스위스의 다니엘 베르누이(Daniel Bernoulli)는 베버 법칙을 이용하지 않고서 그 로그함수적인 법칙을 이미 유도했다. 그리고 미국의 루이스 서스톤(Louis Leon Thurstone)은 베버 법칙을 이용하지 않고서 그 로그함수적인 법칙을 1931년에 유도했다. 로그함수적인 법칙을 어떻게 유도했는지를 연대순으로 살펴보자.

3.1. 베르누이는 어떻게 유도했는가?

1738년의 논문 『운명 측정에 관한 새로운 이론의 사례』(Specimen theoriae novae de mensura sortis)에서 베르누이는 다음의 일반원리들에 기반하여 유도했다.

원리①: 176페이지에서 베르누이는 한 개인이 소유하는 모든 재화의 객관적 가치와 주관적 가치를 구별했다. 객관적 가치는 이 재화의 전체 가격에 의해서 정의되며 주관적 가치는 모든 재화에 의해 제공되는 효용이나 만족도의 총계를 말한다.[1] 베르누이는 객관적

---

1) 프랑스의 뉴턴이라고 불리기도 하는 라플라스는 1812년에 확률의 이론적 해석(Théorie analytique des probabilités)을 출판했다. 1814년에 제2판이 출판됐고 1820년에 제3판이 출판됐다. 라플라스는 제3판 441

가치를 x로 표시했으며 주관적 가치를 y로 표시했다. 우리는 객관적 가치의 증분을 △x로 표시하며 이에 대응하는 주관적 가치의 증분을 △y로 표시할 것이다. 베르누이는 △x에 기인한 △y는 가난한 사람에 대해서보다 부자들에 대해 더 낮다는 상식적인 사실에 주목했다. 이 사실로부터 다음의 일반원리가 따른다. 한 개인의 경우에, x가 증가함에 따라 동일한 △x에 기인한 △y는 감소한다.[2]

원리②: 181페이지에서 베르누이는 △y가 △x에 정비례한다고 가정했다. 명백히, △y는 △x의 알려지지 않은 어떤 증가함수이다. 그래서 베르누이는 이 함수가 가능한 한 가장 간단하다고 가정했다. 여러분들은 정비례성의 이 원리가 페히너의 유도에서 필수라는 사실을 보게 될 것이다.

원리③: 181페이지에서 베르누이는 △y가 x에 반비례한다고 가정했다. 그가 반비례성의 이 원리를 유도하는 데 어떤 논법을 이용했는지는 생략하겠다.[3]

베르누이는 x와 y를 관련짓는 함수[4]를 추론하고자 했다. 그는 그림을 그렸다. 옆의 그림을 보자. 원리①은 정신물리학의 법칙이 $y = x^2$처럼 점

페이지에서 객관적 가치를 물질적 재산이라고 불렀으며 주관적 가치를 도덕적 재산이라고 불렀다.

2) 1728년에 스위스의 수학자인 크레머는 이 원리를 언급했으며 1730년에 프랑스의 뷔퐁도 언급했다.

3) 확률온에 관한 1820년의 책 441페이지에서 라플라스는 로그함수적인 법칙을 베르누이가 유도한 것을 나타냈다.

4) 오늘날 우리가 심리학에서는 정신물리학의 법칙이라고 부르며 경제학에서는 효용함수라고 부른다.

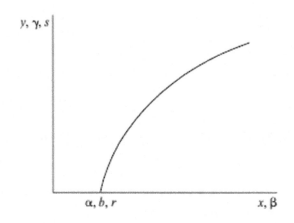

점 급하게 증가하는 함수가 아니고 y = √x처럼 점점 서서히 증가하는 함수여야 한다는 것을 말해 준다. 옆의 그림처럼 말이다. 베르누이는 정신물리학 법칙의 정확한 모양을 다음과 같이 결정했다. 그의 그림에서 베르누이는 개인들이 0보다 큰 y값을 낳는데 필요한 x의 최솟값 α을 갖는다는 생각을 그래프로 표현했다. 오늘날 우리는 이 최솟값을 문턱이라고 부른다. 위의 그림에서 문턱은 정신물리학의 법칙을 나타내는 그래프와 수평축의 교차점의 가로 좌표이다. 마지막으로, 베르누이는 무한소 증분 dy를 일으키는 무한소 증분 dx에 의해 x가 정상적으로 증가한다는 것을 관찰했다. 원리②와 원리③을 결합해 베르누이는 미분방정식

$$dy = b \frac{dx}{x}$$

[수식 1]

을 썼다. 여기에서 b는 일정한 상수이다. 이 미분방정식의 양변을 α부터

x까지 적분해 그는

$$y = b \log \frac{x}{\alpha}$$

[수식 2]

을 얻었다. 이 결과는 정신물리학의 법칙의 정확한 모양이 로그함수적이라는 것을 말해 준다.

3.2. 페히너는 어떻게 유도했는가?

1860년의 책 제2권 10~13페이지에서 페히너는 베르누이의 원리②와 베버 법칙에 기반해 유도했는데, 페히너는 베르누이의 원리②를 수학적 보조원리라고 불렀다.

베버 법칙: 자극 β에 의해 결정되는 감각 γ를 고려하자. 제2권 9페이지에서 페히너는 겨우 알아챌 수 있는 감각 증분을 표시하기 위해 기호 $d\gamma$를 사용했으며 그에 대응하는 자극 증분을 표시하기 위해 기호 $d\beta$를 사용했다. 제1권 65페이지에서 페히너는 상대적인 자극 증분 $\frac{d\beta}{\beta}$가 일정하게 유지될 때 $d\gamma$도 일정하게 유지된다는 경험적 발견을 독일의 생리학자인 베버 덕분이라고 했다. 그리고 이 발견을 베버 법칙이라고 이름 지었다. 제2권 10페이지에서 페히너는 베버 법칙이 경험적이라는 것을 강조했다.

수학의 보조원리: 제2권 10페이지에서 페히너는 $d\gamma$와 $d\beta$가 매우 작은 상황에서 $d\gamma$는 $d\beta$에 정비례한다고 가정했다. 이것은 $d\gamma$와 $d\beta$가 매우 작은 상황에 제한된 베르누이의 원리②이다. 잠시 후에 독자 여러분은 페히너의 유도를 위해서 이 원리가 왜 근본적인지를 보게 될 것이다.

페히너는 공식보다는 말로써 베버 법칙을 표현했다. 그러나 우리는 이 법칙을 공식

$$d\gamma \bullet \frac{d\beta}{\beta}$$
[수식 3]

으로 표현할 수 있다. 여기에서 •는 어떤 것이 불변일 때 일정하다는 의미를 갖는 기호이다. 위의 식에서 페히너는 •를 등호로 교체했다. 즉 그는 베버 법칙을 방정식

$$d\gamma = k\frac{d\beta}{\beta}$$
[수식 4]

으로 바꾸었다. k는 비례상수이다.

이제 우리는 어째서 수학적 보조원리가 페히너에게 반드시 필요했는지 볼 수 있다. [수식3]에서 $d\gamma$는 감각의 임의 증분이 아니라 겨우 인식할 수 있는 감각 증분을 의미한다. 정의에 의해서 각각의 β에 대해 겨우 알아챌 수 있는 감각 증분은 오직 하나이다. 그러므로 [수식3]은 각각의 β에

대해 하나의 dγ값과 하나의 dβ값이 있다는 것을 의미한다. 즉, β값이 고정됐을 때 [수식3]은 dβ와 함께 dγ가 변하지 않음을 가정한다. 대신, β값이 고정됐을 때 [수식3]은 dγ가 dβ와 함께 변한다는 것을 말한다. 이처럼 [수식4]와 [수식3]은 모순되는 면이 있다. 이러한 모순을 교정하기 위해, 페히너는 어쩔 수 없이 수학적 보조원리, 즉 베르누이의 원리②를 채용했다. 그는 dγ와 dβ가 매우 작은 경우로 이 원리의 적용을 제한했다.

제2권 10페이지에서 페히너는 [수식4]는 우리가 감각 크기의 측정값을 계산하는 것을 허용하지 않는다고 언급했다. 이러한 계산이 가능하기 위해서 우선 우리는 dγ와 dβ를 미분으로 해석할 필요가 있다. 그런 후 [수식4]의 양변을 적분한다. 이 작업이 완료된 때에 우리는

$$\gamma = \text{k} \log \frac{\beta}{\text{b}}$$

[수식 5]

을 얻는다. 여기에서 b는 절대 문턱이다. 즉 b는 어떤 감각을 일으키기 위해 필요한 β의 최솟값이다. 페히너의 시대에서처럼 오늘날 우리는 위의 식을 페히너 법칙이라고 부른다. 예를 들어 1876년의 논문 『페히너 법칙을 해석하려는 시도』(An Attempt to Interpret Fechner's Law)의 453페이지에서 저자는 "사람들은 위의 식을 일반적으로 페히너 법칙이라고 말한다"고 언급했다. 페히너는 [수식4]를 근본적인 공식이라고 이름 지었다. k에 임의의 한 값을 할당하고 b가 경험적(실험적)으로 결정될 때 위의 식은 우리가 β로부터 γ를 계산하도록 허용하므로, 그는 위 방정

식을 측정 공식으로 이름 지었다.

3.3. 베르누이에 대한 페히너의 논평

페히너는 자신의 1860년 책을 통해 베버 법칙이 로그함수적인 법칙의 기초였다고 시종일관 주장했다. 그러나 그의 책의 제1권에서 페히너는 로그함수적인 법칙을 베르누이가 유도한 것은 베버 법칙을 제외하고 원리들에 근거를 두었다는 것을 인식했다. 베르누이의 1738년 논문에서 두 가지를 인용함으로써 그는 237페이지에서 이것을 명백하게 표현했다. 첫 번째는 원리①을 예시하는 것이며 두 번째는 원리③을 설명하는 것이었다. 그런 후에, 원리①과 원리③을 근거로 베르누이는 181페이지에서 미분을 찾았고 182페이지[5]에서 로그함수적인 공식을 발견했는데, 나중에[6] 우리는 이 공식이 베버 법칙에 더욱 일반적으로 근거한다고 페히너는 인정했다.

베르누이의 원리①과 원리③을 페히너가 인용했지만 원리②는 인용하지 않았다고 독자 여러분은 생각할 수도 있다. 그러나, 수학적 보조원리를 채용하지 않고서, 즉 베르누이의 원리②를 채용하지 않고서, 베버 법칙으로부터 페히너 법칙을 유도할 수 없다는 것을 우리는 알 수 있다.

로그함수적인 법칙을 유도하기 위해 베르누이가 다른 원리들을 이용

---

5) 여기에서 페히너는 실수했다. 미분과 로그함수적인 공식은 둘 다 181페이지에 있다.
6) 나중은 1860년의 책 제2권에서 10~13페이지를 의미하는데, 여기에서 페히너는 베르누이 미분 공식 에 대응하는 그의 근본적인 공식과 로그함수적인 공식 에 대응하는 측정 공식을 유도했다.

했다는 그 자신의 입장과 더불어 베버 법칙은 로그함수적인 법칙의 토대라는 그의 주장을 페히너는 어떻게 수용했을까? 베르누이가 했던 것보다 더욱 일반적으로 로그함수적인 법칙을 유도했다고 페히너는 주장했다. 나중에, 제2권 550~551페이지에서 페히너는 '더욱 일반적으로'가 의미하는 바를 설명했다. 본질적으로, 페히너는 자신의 유도가 더욱 일반적이라고 믿었다. 왜냐하면 베르누이의 유도는 특별한 경우인 효용에 대해서만 적용되는 반면에 자신의 유도는 모든 감각에 적용되기 때문에 자신의 유도가 더욱 일반적이라고 페히너는 믿었다. 그러나, 1860년의 책을 포함해 그 이후에 출판된 1877년의 책, 1882년의 책, 1887년의 논문에서 조차 페히너는 베르누이의 유도에서 채용된 원리들이 감각으로 확장불가능하다는 이유를 제시하는 데 실패했다.

3.4. 서스톤은 어떻게 유도했는가?

정신물리학에서, 루이스 서스톤(Louis Leon Thurstone)은 비교판단의 법칙으로 가장 유명하다. 1931년에 출판된 논문에서 그는 다음의 다섯 가정들에 기반하여 유도했다.

가정①: 서스톤은 어떤 종류의 축적된 상품들로부터 얻고 있는 만족을 효용이라고 정의했다. 그는 이 만족을 s로 표시했으며 한 상품의 품목들의 개수를 x로 표시했다. 1번째 가정은 s가 x의 증가

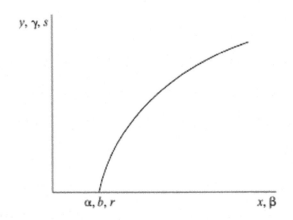

함수라는 것을 말한다. 이 사실을 설명하기 위해서 서스톤은 위의 그림에서 재현되는 것과 본질적으로 동일한 도식을 이용했다. 이 도식에서 s는 베르누이의 y와 동등하다.

가정②: 효용을 야기하지 않는 x값이 있다. 서스톤은 이것을 r로 표시했다. 그림에서 r은 베르누이의 α와 동등하다.

가정③: 이 가정은 상품이 단위 개수만큼 증가할 경우에 만족의 기대된 증분을 동기라고 정의한다. 그것은 이미 소유한 양이 많을수록 추가적으로 단위 개수만큼 상품을 취득하는 동기가 더 적다는 상식과 부합한다. 동기는 미분 $\dfrac{ds}{dx}$으로 정의한다.

가정④: 만족감이 0일 때 동기는 유한하다. 이 가정은 s=0일 때 동기가 문턱에서 무한이지 않은 모양이어야 한다는 것을 말한다.

가정⑤: 동기는 x에 반비례한다. 서스톤은 이것을 그의 가장 근본적인 심리학의 가정으로 간주했다. 그는 이 가정의 수학적 표현으로부터 로그함수적인 법칙을 유도했다. 이 심리학의 가정을 더욱 간결하게

$$\frac{ds}{dx} = \frac{k}{x}$$

처럼 쓸 수 있는데, s는 만족감, x는 소유했던 상품의 양, $\frac{ds}{dx}$는 동기, k는 사람과 특별한 상품을 특징 지우는 어떤 상수이다. 위의 식을

$$ds = k \frac{dx}{x}$$

처럼 변형하자. 적분하면

$$s = k \log x + c$$

[수식 6]

을 얻는데, 이 수식은 정신물리학에서 낯설지 않은 수식이다. 바로 페히너 법칙이다. 약간의 대수 조작을 하면 위의 식은

$$s = k \log \frac{x}{r}$$

[수식 7]

으로 된다.

페히너 법칙을 서스톤은 단지 채용했을 뿐이라고 항의할 지 모를 사람들에게 응답하기 위해 142페이지에서 서스톤은 은 동기의 개념에 엄격하게 의존한다고 특별히 언급했다. 이 개념을 사용하여, 우리는 가정⑤ 대신에 다

른 가정들을 추측할 수 있다. 예를 들어, 서스톤에 따르면, 상품으로부터 이미 얻었던 만족감에 동기가 반비례한다는 가정은 가정⑤보다 심리학적으로 더욱 그럴 듯하다. 이 다른 가정의 수학적 표현은

$$\frac{ds}{dx} = \frac{k}{s}$$

이다. 적분해

$$s = \sqrt{px + q}$$

을 얻을 수 있다. p와 q는 상수이다.

3.5. 각자의 유도를 비교

[수식2], [수식5], [수식7]은 한 방정식의 한 위치에 있는 각각의 기호가 다른 방정식들에서 동일한 위치에 있는 기호와 동일한 의미를 갖는다는 점에서 동일한 방정식들이다. 그러므로 로그함수적인 법칙은 다른 원리들이나 가정들에서 동등하게 발견될 수 있다: 베르누이의 세 원리들, 페히너의 수학적 보조원리와 결합된 베버 법칙, 서스톤의 다섯 가정들. 다음의 비교는 이 원리들과 가정들이 부분적으로 겹친다는 것을 보여 준다.

3.5.1. 베르누이 대 페히너

베르누이의 원리①에서 △y는 임의의 가능한 증분이지만, 1834년에

출판된 베버 법칙은 겨우 알아챌 수 있는 증분만을 다룬다. 이런 면에서 보면 베르누이의 원리①과 베버 법칙은 다르다. 페히너는 베르누이의 원리②인 수학적 보조원리를 채용했다. 그는 베르누이의 원리③을 채용하지 않았다.

3.5.2. 베르누이 대 서스톤

서스톤은 베르누이의 원리①과 원리②를 채용하지 않았다. 베르누이의 원리③은 서스톤의 가정⑤와 부분적으로 부합한다. 부분적인 부합이라고 한 것은 다음과 같은 점 때문이다. 베르누이는 효용 증분 dy의 개념에 그의 원리③을 적용한 반면에, 서스톤은 동기 $\frac{ds}{dx}$의 개념에 베르누이의 원리③을 적용했다.

베르누이의 원리②와 원리③은 정신물리학의 법칙을 유도하기 위해 필요한 유일한 원리들이다. 베르누이의 원리①은 예비원리로 간주될 수 있다. 페히너는 베르누이의 원리②에 기반하여 유도했으며 서스톤은 원리③에 기반하여 유도했다는 것을 알 수 있다. 이 원리들은 하나의 변수, 즉 dx 혹은 x에 관계하기 때문에 간단하다. 페히너와 서스톤은 또한 두 변수 간의 비율에 관계하고 있는 복잡한 원리들을 사용했다. 즉 페히너의 경우에는 베버 법칙을 정의하는 비율이며 서스톤의 경우에는 동기를 정의하는 비율이다. 명백하게, 베르누이의 유도는 단지 간단한 원리들을 이용하기 때문에, 베르누이의 유도는 개념적으로 가장 인색하다. 베르누이의 원리들은 베버 법칙에 동의한다. 사실, 베르누이의 원리들은 베버 법칙을 암시한다는 것을 증명할 수 있다. 증명은 다음과 같다.

[수식2]가 감각들에 적용되게 하자. 우리는 임의의 감각 증분 $\triangle y = y(x + \triangle x) - y(x)$을 고려하는 것부터 시작할 수 있다. y는 [수식2]에 의해 정의되는 함수이고 x는 자극 강도이며 $\triangle x$는 자극 증분이다. [수식2]를 이용하면

$$\triangle y = b\log\frac{x+\triangle x}{\alpha} - b\log\frac{x}{\alpha}$$

으로 쓸 수 있다. b는 상수이고 α는 문턱이다. 로그의 성질에 의해

$$\triangle y = b\log\frac{x+\triangle x}{x} = b\log\left(1+\frac{\triangle x}{x}\right)$$

이다. 그런데 b는 상수이므로,

$$\triangle y \cdot \frac{\triangle x}{x}$$

으로 쓸 수 있다. •는 [수식3] 에서 정의했던 의미를 갖는 기호이다. 이 식은 겨우 알아챌 수 있는 감각 증분을 포함하여 임의의 감각 증분 y에 적용된다. 그것은 베르누이의 세 원리가 이 식의 특별한 경우로서 베버 법칙을 암시한다는 것에 기인한다.

3.6. 링크는 어떻게 유도했는가?

1992년의 책에서 링크는 로그함수적인 법칙을 색다른 방법으로 유도했다. 우리가 이미 봤듯이, 베르누이부터 서스톤까지의 유도들은 감각 등

급의 증분, 그에 대응하는 '자극 등급의 증분', 자극 등급 사이의 함수적인 관계식들에 관한 가정들에 기반한다. 링크의 유도는 이전의 유도들과 질적으로 다르다. 링크의 유도는 흥미로운데, 왜냐하면 베버 법칙을 이용하지 않고 로그함수적인 법칙이 유도될 수 있다는 것을 보여주기 때문이다. 그의 유도를 간단히 살펴보면 다음과 같다. 주어진 표준 자극 등급 S_B와 겨우 알아챌 수 있게 다른 비교 자극 등급 S_A에 대해, S_A에 대응하는 감각 등급은 S=Θ·A이라고 링크는 가정한다. Θ는 S_B와 S_A를 식별할 수 있는 가능성을 나타내는 인수이며 A는 반응저항의 측정을 나타낸다. 푸아송 과정에 기반한 반응 변이성 이론을 사용하여 그는

$$\Theta = \ln \frac{S_A}{S_B}$$

임을 수학적으로 논증한다. 그러면

$$S = A \ln \frac{S_A}{S_B}$$

이다. S_B가 문턱에 가까워질 때 이 식은 페히너 법칙에 가까워진다.

3.7. 마무리

베버 법칙은 페히너의 유도에서처럼 로그함수적인 법칙의 기초라기보다는 베르누이의 원리들을 암시하고 있는 것으로 보여질 수 있음을 살펴보았다. 그러나 베버 법칙이 로그함수적인 법칙의 독립적인 기초라는

생각이 널리 보급됐다. 이 생각을 역사가들이 촉진했다. 예증하기 위해, 1929년에 출판됐고 1950년에 재편집됐던 에드윈 가리규스 보링(E. G. Boring)의 책 「실험심리학의 역사」를 살펴보자. 그의 책은 20세기의 대부분을 통해 그리고 지금도 여전히 권위 있는 책이기 때문에 보링의 예는 중요하다.

우리는 페히너 유도에 대안이 되는 모든 유도들을 무시함으로써 베버 법칙이 로그함수적인 법칙의 독립적인 기초라는 생각을 촉진할 수 있다. 보링 그리고 실질적으로 모든 다른 심리학자들은 서스톤이 로그함수적인 법칙을 유도한 것을 무시했다. 심리학자들은 베르누이의 유도를 무시하거나 산발적으로 약간 관심을 가질 뿐이었다. 예를 들어 1876년의 논문 『페히너 법칙을 해석하려는 시도』 457페이지에서 제임스 와드(James Ward)는 페히너의 로그함수적인 법칙에 일치하는 공식을 발견했던 공로를 피에르 시몽 라플라스(Pierre-Simon Laplace)에게 돌리고 완전히 베르누이를 무시했다; 그리고 유명한 1942년의 책 「실험심리학의 역사에서 감각과 지각」에서 보링은 베르누이를 언급하지 않고 페히너에 관해 논의했다. 카텔과 스티븐스 등은 약간 관심을 가진 학자였다. 베르누이가 로그함수적인 법칙을 유도한 것을 두 문장으로 기술하면서 1975년의 책 5페이지에서 스티븐스는 다른 사람들보다 더욱 구체적이었다: "베르누이는 간단한 가정을 우선 하면서 그의 로그함수를 유도했다. 금전이 더 커질수록 추가되는 효용은 더 작아진다—간단한 역관계". 스티븐스의 서술은 다소 애매하다. 스티븐스는 베르누이의 원리①과 원리③을 참조하지만 베르누이의 원리②는 생략한다. 1950년의 책 284~285페이지에서 보링은 베르누이에 관해 언급했다. 하지만 베버 법칙이 아니라 원리들의 토대 위에서 베르누이가 로그함수적인 법칙을 유도했다는 것을 보링은 독자들에게 알리지 않았다. 1860년의 책 제1권 237페이지에서 페히너가 베르누이의 유도의 다른 토대를 인식했음에도, 보링은 이 정보를 보류했다.

현재의 분석은 베버 법칙이 로그함수적인 법칙을 유도하는 데에 본질적이 아니라는 것을 보여준다.

제4장

소리의 크기와
베버–페히너 법칙

소리의 크기에 대한 흥미로운 에피소드가 있다. 체코슬로바키아의 작곡가 레오시 야나체크(Leos Janacek)는 1차 세계대전이 끝나고 오스트리아로부터 조국이 독립한 것을 축하하는 〈신포니에타(Sinfonietta)〉 op.60을 작곡하였는데, 서두부터 청중을 압도하며 독립국가의 위상을 표현하려 했다. 그래서 9대의 트럼펫이 유니송으로 연주하는 팡파르로 시작하게 했는데, 막상 연주를 들어보니 생각보다 소리가 크지 않아서 실망했다고 한다.

4.1. 음파 세기에 대한 반응은 소리 크기

야나체크가 왜 실망했는지 이유를 알아보자. 그 전에 소리의 크기를 결정하는 물리량이 무엇인지 알아봐야 한다. 음파의 세기는 단위 단면적을 지나는 일률[1]로 정의되고 음파 세기의 단위는 W/m²이다. 소리가 얼마나 크게 들리는지를[2] 결정하는 물리량은 바로 음파 세기이다. 그런데 사람의 귀는 음파의 세기에 비례하여 소리를 감지하는 것이 아니라 로그를 취한 값으로 감지한다. 이것은 베버-페히너 법칙이다. 이 법칙 때문에 소리의 크기를 나타내는데 소리의 세기 β라는 양을 도입한다. 어떤 소리를 나르는 음파의 세기를 I라 하고 기준이 되는 음파의 세기를 I_0라고 할 때 β를

$$\beta = \log \frac{I}{I_0}$$

---

1) 일률의 단위는 W이다. 이는 전력의 단위와 같다. 전기회로에서 전력은 전류와 전압을 곱한 것이다. 1V의 전압이 걸렸을 때 1A의 전류가 흐른다면 이때의 전력은 1W이다.
2) 반응으로서 소리 크기를 짧게 표현하면 음량이다. 음량을 영어로는 loudness라고 한다.

으로 정의하고 계산 결과 뒤에 벨(bel)을 붙인다. 여기서 소리의 세기를 정의하는 기준이 되는 음파의 세기는 $I_0=10^{-12}W/m^2$으로 음파의 세기가 이보다 더 작으면 사람이 그 소리를 들을 수 없다고 알려진 값이다. 겨우 알아들을 수 있는 소리는 0벨이다. 12벨이 넘어가면 우리 귀가 고통을 느낀다. 실용적으로는 데시벨(decibel)을 더 많이 사용한다는 사실도 기억하자. 데시벨 단위로 나타내려면 위의 계산 결과 수치에 10을 곱하면 된다.

4.2. 음파 세기는 진폭의 제곱에 비례

그럼 이제 야나체크가 실망한 이유를 본격적으로 파악해 보자. 상황을 최대한 단순하게 하여 분석할 것이다. 동일한 음악을 동일한 소리 크기 90데시벨[3]로 한 지점에서 동시에 9대의 트럼펫으로 연주했다고 가정하자.[4] 그러면 음파의 진폭은 9배가 된다. 진동수가 일정할 때 소리의 세기는 진폭의 제곱에 비례한다. 그러므로 소리의 세기는 81배가 된다. 1대로만 연주할 경우에

$$9벨 = \log \frac{I}{I_0}$$

이었으니 세기가 81배가 되면

---

3) 트럼펫 소리 크기가 보통 이 정도이다.
4) 물론, 한 지점에서 여러 대의 트럼펫을 연주했다는 것은 말도 안되는 가정이다. 하지만 간단히 분석하기 위해서는 어쩔 수 없이 이렇게 가정해야 한다.

$$\log \frac{81\text{I}}{\text{I}_0} = \log 81 + \log \frac{\text{I}}{\text{I}_0} = 1.90849\text{벨} + 9\text{벨} = 10.90849\text{벨}$$

으로부터 109데시벨이 된다. 이 정도의 크기라면 자동차 경적소리 정도 밖에 되지 않는다. 더군다나 우리는 한 지점에서 9대를 연주했다고 가정했다. 실제로는 한 지점이 아니라 아홉 지점이다. 그러므로 109데시벨은 이론상 최대값이 되는 것이고 실제로는 109데시벨보다 더욱 작을 수밖에 없다. 야나체크는 실망할 수밖에 없었던 이유다.

제5장

별의 밝기와
베버–페히너 법칙

1860년 페히너가 책을 출판하기 이전에, 천문학 분야에서 페히너 법칙의 전례가 있었다. 심리학 역사가들은 그 사건들에 관해 충분히 논의하지 않았다. 물론 심리학 역사가들이 과학을 이해하는 것이 쉽지는 않았을 것이다. 이번 장에서는 천문학 분야에서 등장하는 페히너 법칙을 공부한다. 마지막 절에서는 태양에 대해 언급한다. 마지막 절은 이 책의 주제와 직접적으로 연관은 없지만, 이 장을 이해하는 데 도움이 된다.

5.1. 별의 등급체계의 역사

기원 전 129년 경 그리스의 천문학자 히파르코스(Hipparchos)는 별들의 밝기를 관찰하여 밝기를 6등급으로 나눴다. 히파르코스는 밤하늘에서 맨눈으로 보이는 천여 개의 별을 구분하여 가장 밝게 보이는 20여 개의 별을 1등성이라 하고, 눈으로 겨우 보일 정도의 별을 6등성으로 분류했다. 아쉽게도, 히파르코스의 저작물은 분실됐다. 재미있는 사실 한 가지를 말하자면, 히파르코스의 6등급 별들을 지금 육안으로 관찰하면 그 별들은 우리에게 여전히 눈으로 겨우 보일 정도의 별에 해당할까? 놀랍게도 대답은 긍정적이다. 히파르코스 이후 클라우디오스 프톨레마이오스(Claudius Ptolemy)는 관측한 별들의 개수를 증가시켜 히파르코스의 목록을 양적으로 늘렸다. 또한 프톨레마이오스는 히파르코스의 인접한 두 등급 사이에 등급을 둘씩 더 넣어 총 16등급 체계로 했다.

히파르코스의 체계는 오랫동안 사용될 정도로 뛰어났다. 이러한 체계에 중요한 변화를 일으킨 주인공은 망원경이었다. 갈릴레오 갈릴레이(Galileo Galilei)는 망원경을 이용해 6등성보다 더 희미한 별들을 많이 볼 수 있었다. 망원경의 발달에 따라 6등성보다 더 어두운 별은 7등성, 8등성, 9등성, …으로 나타냈으며, 마찬가지로 1등성보다 더 밝은 별은 0등성, -1등성, -2등성, …으로 나타냈다. 갈릴레이는 등급이 12인 별을 볼 수 있다고 추정했다. 18세기에 윌리엄 허셜(William Herschel)은 빛의 양을 측정할 수 있는 장치를 이용하여 1등성과 6등성의 밝기를 비교해 보았고, 1등성의 밝기는 6등성의 밝기의 100배라는 것을 알게 됐다. 1등성은 6등성보다 100배 밝다고 말할 때 밝기는 정확히 무엇을 말하는 것일까? 사람이 느낀 감각으로서의 밝기를 말하는 것일까? 아니다. 이때의 밝기는 물리적 자극으로서의 밝기를 말하는 것으로 한 단어로 표현하면 광속[1]이다.

이제 19세기로 시계를 돌려보자. 영국의 천문학자 노먼 포그슨(Norman Robert Pogson)은 1856년에 출판된 논문을 통해 그의 공식

$$m_1 - m_2 = 2.5 \log \frac{f_2}{f_1}$$

을 발표했다. 여기에서 m은 겉보기등급이며 f는 flux이다. 독자 여러분은 이 공식에 고개를 갸우뚱할지도 모른다. 왜냐하면 더 작은 등급을 가질수록 더 밝은 물체이기 때문이다. 그러나 오랫동안의 관습을 아직까지

---

1) 광속을 영어로는 luminous flux라고 한다. 광속은 단위시간에 전달되는 복사 에너지를 시감적으로 측정한 것이라고 정의된다. 광속은 점광원으로부터 모든 방향으로 방출되는 빛의 총량이라고 할 수 있다. 광도의 단위는 루멘(lm)이다.

도 따르고 있다. 포그슨의 체계는 프톨레마이오스의 작업에 기초한다.[2] 하나의 등급의 $\sqrt[5]{100} = 2.5118864315$차이는 의 밝기 비율을 나타낸다. 이러한 사실은 임의적이지 않다. 19세기의 천문학자들은 프톨레마이오스의 목록에서 다섯 등급의 차이는 약 100배의 밝기 차이를 나타냄을 인지했으며 그 시기에 많은 다른 분야들에서 과학자들은 로그를 광범위하게 사용했다. 페히너가 로그함수적인 관계식을 제안한 것은 좋은 예가 된다. 페히너는 1860년에 출판한 자신의 책에서 자신의 법칙을 상세히 설명했다. 빛의 강도인 자극이 등비적으로 변하고 등급인 감각이 등차적으로 변하는 포그슨의 작업에 페히너는 흥미를 느꼈다.

그런데 학술적으로 좀더 파고들어 가면, 하나의 등급 차이가 날 때 빛의 밝기가 일정한 비율인 2.512배라는 생각의 기원은 매우 불분명하다. 이 생각은 점차 천문학에 슬며시 들어갔던 것으로 보인다. 그러나 기원이 불분명하다는 사실에 대해 구체적으로 논의하는 것은 이 책의 범위를 넘어서기도 하고 본 책의 집필 목적에 별로 중요하게 작용하지도 않으므로 더 이상 논의하지 않을 것이다.

5.2. 히파르코스는 베버-페히너 법칙을 최초로 적용했다?

히파르코스의 생각을 추론하기 위해 시간을 거슬러 올라가 보자. 가장 밝게 보이는 별의 등급과 눈으로 겨우 보이는 별의 등급이 두 한계값을

---

2) 프톨레마이오스의 작업은 아마도 히파르코스의 저작물을 기초로 했을 것이다.

이룬다. 그렇다면 히파르코스는 2등성부터 5등성까지를 어떤 기준으로 나누었을까? 자신만의 명확한 기준이 있었을까 아니면 없었을까? 필자의 이 질문이 무슨 뜻인지 잠시 후에 설명하겠다. 비록 히파르코스에 관한 기록이 얼마나 자세하게 현시대까지 남아있는지 필자가 자세히 알지는 못하지만, 그 기준의 유무를 추측해보는 것이 그리 어려운 일은 아니다. 그런데 이 추측에 대한 정답(?)을 논의할 때 우리는 철저히 자극이 아니라 반응을 가지고 이야기해야 한다. 그가 살았던 시대에서 빛의 밝기에 대한 물리량을 측정하거나 계산할 수는 없었기 때문이다. 우리는 다음과 같은 상상을 해볼 수 있다. 그는 가장 밝게 보이는 별들을 1등성으로 정했다. 그리고 1등성보다 어느 정도 어둡게 보이는 별들을 2등성으로 정했으며 2등성보다 어느 정도 어둡게 보이는 별들은 3등성으로 정했다. 또한 3등성보다 어느 정도 어둡게 보이는 별들을 4등성으로 정했으며 4등성보다 어느 정도 어둡게 보이는 별들은 5등성으로 정했다. 마지막으로, 눈으로 겨우 보일 정도로 가장 어두운 별들을 6등성으로 정했다. 이때 1등성 별을 육안으로 관찰할 때 그가 느낀 밝기를 x_1, 2등성 별을 육안으로 관찰할 때 그가 느낀 밝기를 x_2, 3등성 별을 육안으로 관찰할 때 그가 느낀 밝기를 x_3, 이런 방식으로 놓자. 지금 x_1부터 x_6까지는 빛의 물리적인 세기를 말하는 것이 아니다. x_1부터 x_6까지는 사람이 느낀 정도를 지칭하고 있다. 그러므로 x_1부터 x_6까지는 물리적인 자극이 아니라 감각에 해당된다. 이제 좀전에 언급했던 필자의 질문을 다시 기술해 보려고 한다. 1등성에서 2등성으로 바뀔 때 그가 느낀 밝기 차이 $x_1 - x_2$와 2등성에서 3등성으로 바뀔 때 그가 느낀 밝기 차이 x_2-x_3 사이에는 어떤 관계가 있는 것일까? 마찬가지로, 2등성에서 3등성으로 바뀔 때 그가 느낀 밝기 차이 x_2-x_3와 3등성에서 4등성으로 바뀔 때 그가 느낀 밝기 차이 x_3-x_4 사이에는 어떤 관계가 있는 것일까? 3등성에서 4등성으로 바뀔 때 그가 느낀 밝기 차이 x_3-x_4와 4등성에서 5등성으로 바뀔 때 그가 느낀 밝기 차이 x_4-x_5 사이에는 어떤 관계가 있는 것일까? 관계가 없을까? 즉, 그냥 대충 적당히 어두워진 것 같으면 등급을 하나 낮춘 것일까? 자, 이제, 중요한 추측을 할 시점이 됐다! 히파르코스는, 아마도, 그가 육안으로 관찰할 때 느끼게 된 밝기가 어떤 특정한 정도만큼 변할 때마다 등급을 1씩 변화시켰을 것이다. 여기서 어떤 특정한 정도라는 것은 어떤 등급에서 그 다음의 등급으로 변하는가와 상관없이 항상 일정한 값이라는 이야기이다. 즉 히파르코스는 자신이 느낀 밝기가 등차수열을 이루는 시점에서 등급을 차례대로 부여했을 것이라는 말이다. 감각이 등차수열을 이루면서 변하도록 설정했으므로, 베버-페히너 법칙에 의해 물리적인 밝기는 등비수열로 변하게 된다. 물론 이때의 공차는 1이고 공비는 2.512이다. 2.512를 포그슨 비율이라고 부른다. 그렇다면 히파르코스는 베버-페히너 법칙을 알았을까? 물론 히파르코스가 베버-페히너 법칙을 알았을 리는 없다. 히파르코스가 자신도 모르게 베버-페히너 법칙의 구속을 받았다고 필자는 표현하고 싶다. 필자의 추측이 터무니없는 추측이라고는 할 수 없다. 1975년의 책 「정신물리학」에서 스티븐스는 히파르코스의 등급척도에서 감각 거리가 대략적으로 동일하도록 의도되었다고 기술했다.

5.3. 허셜과 포그슨

18세기 후반부까지, 별의 등급척도는 보통이 넘는 관심을 받지 못했다. 허셜은 별들로부터 받게 되는 빛을 측정하는 실험을 수행했다. 그 작업을 기초로 천문학자들은 별들로부터 받게 되는 빛의 양과 겉보기 등급들 사이의 관계의 가치를 인정하기 시작했다. 허셜이 했던 질문은 단도직입적이었다: 1등급 별 하나로부터 우리가 받는 빛은 6등급 별 하나로부터 받는 빛보다 얼마나 더 많은가? 오늘날 같으면 광전효과나 사진술이 해답을 제시해 줄 수 있다. 그 당시에는 그런 기술이 없었으나 허셜은 적절한 실험을 수행하고 다음과 같이 결론했다. 1등급 별로부터 받게 되는 빛은 6등급 별로부터 받게 되는 빛의 100배라고 말이다.

1856년에 포그슨은 왕립 천문학회에 논문 하나를 제출했다. 이 논문에서 그는 자신이 행한 연구와 다른 사람들이 행한 연구를 보고했다. 그는 2.512를 채택할 것을 제안했다. 2.512는 허셜의 작업과 일치한다. 여기에서 허셜의 작업은 등급 차이가 5인 것은 빛의 세기에서 100배에 대응한다는 발견을 말한다 (2.512는 100의 다섯제곱근이다). 그러므로 1856년까지 별의 등급을 위한 척도 한 가지가 완성됐다. 그것은 등급에 대한 등차수열과 빛의 flux에 대한 등비급수를 관련시켰다. 이 척도가 채택되는 데 오랜 시간이 걸렸으나 오늘날에는 일반적으로 사용된다. 말할 필요도 없이, 이 척도는 1등급보다 더 밝은 별들에도 확장되며 6등급보다 더 흐릿한 별들에도 확장된다.

겉보기 등급이 m과 n인 두 별을 고려하자. 그들로부터 받게 되는 빛

의 flux는 각각 I_m과 I_n이다. 허셜의 원리에 따르면 빛의 세기의 비율은

$$\frac{I_m}{I_n} = \sqrt[5]{100}^{\,n-m} = 100^{\frac{n-m}{5}}$$

이다. 양변에 상용대수를 취하면

$$\log \frac{I_m}{I_n} = 0.4(n-m)$$

이다. 약간 변형하면

$$n-m = 2.5\log \frac{I_m}{I_n}$$

을 얻는다. 이 방정식은 페히너 법칙이다. 그러므로 페히너 법칙은 허셜에 의해 언급된 원리와 항등적이다.

사람들은 색깔에 대한 작업과 관련하여 허셜을 참조한다. 사람들은 빛 비율에 대한 작업 때문에 포그슨을 참조한다. 1942년의 책 「실험심리학의 역사에서 감각과 지각」에서 보링은 페히너 법칙과 관련하여 허셜의 작업을 언급한다. 그러나 그 언급의 분량은 적다.

5.4. 광도

지금까지 다룬 밝기는 겉보기밝기에 대한 것이었다. 별의 실제적인 밝기는 별의 표면 전체에서 1초 동안 방출되는 에너지의 양을 고려해서 결정되는데 이것을 별의 광도라고 한다. 별의 광도를 계산하는 기본적인 과

정은 슈테판-볼츠만 법칙을 기본으로 한다. 흑체[3] 표면에서 방출하는 복사 에너지의 총량은 절대온도[4]의 4제곱에 비례하는데, 이 사실을 슈테판-볼츠만 법칙이라고 한다. 태양의 표면에서 매초 방출되는 복사 에너지의 총량을 태양의 광도라고 한다. 슈테판-볼츠만 법칙을 이용해 태양의 광도를 표시하면

$$L_\odot = 4\pi R_\odot^2 \sigma T_\odot^4$$

이다. $R_\odot$는 태양의 반지름의 길이, σ는 슈테판-볼츠만 상수, $T_\odot$는 태양의 표면 온도이다. 별의 광도의 단위는 전력의 단위와 같은 W이다.

---

3) 물리학에서 흑체(black body)는 자신에게 입사되는 모든 전자기파를 100% 흡수하는, 반사율이 0인 가상의 물체이다. 모든 빛을 흡수한다는 가정 때문에 검은 물체라는 뜻의 명칭이 붙었다. 그러나 이상적인 흑체도 전자기파를 복사하므로 완전히 검지는 않다. 흑체가 빛을 내보내는 것을 흑체 복사라고 한다. 이상적인 흑체는 실존하지 않지만 비슷한 물질은 제법 존재한다. 실험용으로 쓰이는 흑체는 내부가 검은 상자에 공동을 만들고 작은 구멍을 뚫은 것이다. 이 구멍으로 들어간 빛은 다시 그 구멍으로 나오기 힘들기 때문에 그 빛의 에너지는 대부분 공동 안으로 흡수된다.
4) 절대온도의 단위는 켈빈(K)이다. 섭씨온도의 수치값에 273.15를 더한 다음에 켈빈을 붙이면 절대온도로 변환된다. 예를 들어 25℃=298.15K이다.

제6장

소리의 높낮이와
베버–페히너 법칙

필자는 독자 여러분들에게 근본적인 질문 몇 가지를 던지고 싶다.

필자: 자극은 물리량이므로 당연히 물리적인 단위를 가지고 있다. 그렇다면 감각에도 단위가 있는가? 없다.

독자: 아니, 이게 뭔 소리야? 그렇다면 소리 크기의 경우에 데시벨은 단위가 아니라는 말인가?

필자: 그렇다.

독자: 뭐야? 그럼 별의 밝기의 경우에 등급도 단위가 아니라는 말인가?

필자: 그렇다.

독자: 그래 좋아, 단위가 아니라고 하자! 그럼 단위가 아니고 뭐냐?

6.1. 페히너 법칙을 이해하기 어려운 이유

지금부터 필자는 여러분들에게 베버-페히너 법칙을 진정으로 이해시키고자 한다. 감각에 단위가 없다고 했는데, 오해가 생기지 않도록 엄밀하게 말하자면 감각에는 물리적인 단위가 없다. 소리의 크기에서 나타나는 데시벨이나 별의 밝기에서 나타나는 등급 등은 편의상 붙인 것일 뿐이다. 편의상 붙인 단위(?)라고 표현해도 큰 무리는 없겠다. 본 책의 서문에서 필자는 페히너 법칙을 이해하는 것이 상당히 어렵다고 강조했다. 그 근본적인 이유가 바로 여기에 있다. 감각에는 물리적인 단위 없는데, 이 사실은 페히너 법칙을 이해하기 어렵게 하는 근본 원인으로 작용한다.

쉬운 예로 설명하도록 하겠다. 7kg의 물체가 있다. 질량이 3배인 물체는 21kg이다. 자, 이제 여러분이 밤하늘에 떠 있는 어떤 별을 보고 있다고 하자. 분명 우리는 그 별을 보고 느끼게 되는 밝기가 있다. 지금 말하고 있는 밝기는 감각이다. 그렇다면 이 별보다 3배 더 밝은 별은 어떤 별인가? 이 질문에 독자가 대답하기 전에 필자가 이 질문에 대해 질문을 하고 싶다. 도대체 감각으로서 3배 더 밝다는 것은 어떤 밝기인가? 밝기는 감각이므로 물리적인 단위가 없다. 물리적인 단위가 없는데 어떻게 3배라는 말을 할 수가 있는가? 지금 필자가 묻고 있는 이 질문에 독자는 대답할 수 있는가?

대부분의 감각에 대해 베버-페히너 법칙이 성립한다고 알려져 있지만, 베버-페히너 법칙을 진정으로 이해할 수 있는 감각은 청각밖에 없는 것 같다. 청각을 제외한 다른 감각으로는 베버-페히너 법칙을 진정으로 이해하기 어렵다. 청각의 경우 우리는 소리의 크기에 대해 이미 살펴봤다. 그런데 청각의 경우에 소리 크기에 대해서만 베버-페히너 법칙이 성립하는 것은 아니다. 우리가 고음이나 저음이라고 말하는 소리 높낮이에 대해서도 베버-페히너 법칙이 성립한다. 좀전에 필자는 베버-페히너 법칙을 진정으로 이해할 수 있는 감각은 청각밖에 없는 것 같다고 이야기했는데, 더 정확하게 이야기하자면 청각 중에서도 높낮이로만 베버-페히너 법칙을 진정으로 이해할 수 있다. 음높이를 통해 베버-페히버 법칙을 이해한 후 다른 나머지 감각들에 대해 베버-페히버 법칙을 음미하는 방식으로 우리는 공부해야 한다.

6.2. 진동수와 음고

비록 베버-페히너 법칙이 넓은 범위의 생리적인 반응에 적용되는 것으로 보이지만, 이것이 모든 경우에 정당한지는 논쟁의 여지가 있다. 물리적 자극은 정확하게 측정할 수 있는 객관적인 양이지만, 이에 대한 인간의 반응은 주관적이다. 어떻게 고통의 정도 또는 열에 대한 감각을 측정할 수 있겠는가? 그러나 매우 정밀하게 측정할 수 있는 감각이 하나 있는데, 그것은 바로 음높이이다. 인간의 귀는 극히 예민한 감각기관으로, 진동수가 겨우 0.3% 변했을 때 일어나는 음높이의 변화를 인식할 수 있다. 음악전문가는 정확한 음에서 아주 조금만 벗어나도 이를 예리하게 알아내고, 일반인도 음이 정상에서 1/4도만 벗어나도 이를 쉽게 식별할 수 있다.

6.2.1. 음파 진동수에 대한 반응은 음고

우리가 흔히 말하는 고음 및 저음을 결정하는 물리량은 그 음의 진동수이다. 음파의 물리적인 진동수가 높을수록 우리는 고음이라고 인식한다. 진동수는 자극에 해당하는 물리량이다. 이 자극에 대한 반응은 우리가 느끼게 되는 음높이이다. 우리가 반응으로 느끼는 음높이를 영어로는 pitch라고 하며 우리말로는 음고라고 번역한다.

6.2.2. 음고와 베버-페히너 법칙

베버-페히너 법칙을 음의 높낮이에 적용하면, 진동수에서 같은 비율

만큼의 증분은 같은 음정에 대응한다고 말할 수 있다. 그러므로 음정은 진동수비에 대응한다. 보기를 들면, 한 옥타브는 진동수비 2:1에 대응하고 5도 음정은 3:2의 비에, 4도 음정은 4:3의 비에 대응한다. 한 옥타브씩 올라가는 음을 나열하면, 그것들의 진동수비가 1, 2, 4, 8배로 증가한다. 그 결과 음을 표시한 보표는 실제로 로그자[1]인데, 여기서 수직 방향의 거리인 음높이는 진동수의 로그값에 비례한다.

진동수의 변화에 대한 인간 귀의 놀라운 감각력은 가청역과 부합된다. 음정으로 환산하면, 이것은 대략 열 옥타브[2]에 부합된다.[3] 비교를 위해, 눈은 4000Å에서 7000Å의 범위 내의 파장을 지각할 수 있다. 음악과 같은 방식으로 따진다면 두 옥타브도 안 되는 범위이다.

6.3. 악기에 숨겨진 비밀

노래방에서 노래를 부르려고 하는데 원곡과 키가 맞지 않아 자신의 목소리에 맞게 원곡의 키를 낮추거나 높여본 경험이 있을 것이다. 우리가 키를 낮추거나 높여도 전혀 어색하지 않게 음악이 들린다. 이처럼 조옮김을 해도 어색하지 않은 이유는 악기를 연주할 때 나오는 음의 진동수가 등비수열을 이루도록 악기를 제조했기 때문이다. 이처럼 악기음의 진동

1) 로그함수 y=logx의 눈금을 새긴 자를 로그자라고 한다. 좌표가 logx인 지점에 x값을 눈금으로 매긴 것을 로그눈금이라고 하는데, 이 로그눈금을 새긴 것이 로그자이다.
2) 어떤 음보다 열 옥타브 높은 음의 진동수는 원래 음의 진동수의 1024배이다. 1024=2^{10}이다.
3) 정상적인 젊은이는 대략 20~20000Hz의 소리를 들을 수 있다. 최댓값은 최솟값의 1000배 정도나 된다. 참고로 악기 중에서 가장 넓은 진동수 범위를 연주할 수 있는 피아노는 27.5~4186Hz의 소리를 낸다.

수가 등비수열을 이루도록 한 것을 평균율이라고 한다. 평균율이 사용하기 전에는 순정율이라는 음계를 사용했다. 그렇다면 평균율 체계에서 조옮김을 해도 어색하지 않은 이유는 무엇일까? 만약 순정율 체계에서 조옮김을 한다면 어떨까?

6.3.1. 기본 음악이론

음악이론[4]에서 임의의 음은 계이름에 해당하는 영어대문자와 옥타브에 해당하는 숫자를 조합하여 나타낸다. 예를 들어 3옥타브 솔음은 G3이다. 4옥타브 라음의 진동수를 f라고 하자. 그리고 임의의 악기음에서 반음이 올라갈 때 진동수는 r배로 된다고 하자[5]. 그러면 아래 표와 같이 정리할 수 있다. 편의상 검은 건반에 해당하는 음들은 목록에서 제외했다.

음	C4	D4	E4	F4	G4	A4	B4	C5
진동수	$r^{-9}f$	$r^{-7}f$	$r^{-5}f$	$r^{-4}f$	$r^{-2}f$	f	r^2f	r^3f

그런데 임의의 어떤 음의 진동수는 1옥타브 낮은 음보다 진동수가 2배이다. 예를 들어 5옥타브 라음의 진동수는 2f이다. 그럼 r값이 정확히 얼마인지 독자 여러분은 매우 쉽게 계산할 수 있을 것이다. 위 표에서

$$\frac{r^3f}{r^{-9}f} = r^{12} = 2$$

---

4) 본 책의 범위를 넘어서기 때문에 음악이론에 관해 자세히 설명하지는 않고 최소한의 설명만 한다. 좀더 자세히 공부하고 싶은 독자는 필자가 예전에 출판했던 「화음의 신비」라는 제목의 책을 읽어보길 바란다.
5) 별의 등급체계에서 1등급씩 변할 때마다 빛의 세기가 일정한 비율로 변했다. 이와 마찬가지로 피아노 건반에서 반음씩 옮겨질 때마다 진동수가 일정한 비율로 변한다.

이 성립함을 알 수 있다. 그러므로 r = $^{12}\sqrt{2} \cong 1.05946$이다.

6.3.2. 사례①: 반음씩 내린 경우

이제, 노래방에서 조옮김을 해도 어색하지 않은 이유를 본격적으로 공부하도록 하자. 아래의 표를 보자.

원곡의 음표 및 진동수	G4 $r^{-2}f$	B4 r^2f	D5 r^5f	G5 $r^{10}f$
반음 내린 곡의 음표 및 진동수	F#4 $r^{-3}f$	A#4 rf	C#5 r^4f	F#5 r^9f

1번째 행은 평균율에서 연주할 때 원곡 악보의 음표와 그 음표에 대응하는 진동수를 나타낸다. 2번째 행은 원곡을 반음 내려 조옮김한 곡의 음표와 그 음표에 대응하는 진동수를 나타낸 것이다. 반음을 내렸기 때문에, 원곡의 진동수를 r로 나누면 조옮김한 곡의 진동수가 얻어진다. 물론 r = $^{12}\sqrt{2} \cong 1.05946$이다.

사람의 귀는 원곡을 아래의 표와 같이 반응한다.

원곡의 음표 및 진동수	G4 $r^{-2}f$	B4 r^2f	D5 r^5f	G5 $r^{10}f$
원곡에 대한 반응	$\log r^{-2}f$	$\log r^2f$	$\log r^5f$	$\log r^{10}f$

G4에서 B4으로 음이 변할 때 음정을 계산해 보면

$$\log r^2f - \log r^{-2}f = \log \frac{r^2f}{r^{-2}f} = \log r^4$$

이다. B4에서 D5으로 음이 변할 때 음정을 계산해 보면

$$\log r^5f - \log r^2f = \log \frac{r^5f}{r^2f} = \log r^3$$

이다. D5에서 G5으로 음이 변할 때 음정을 계산해 보면

$$\log r^{10}f - \log r^5f = \log \frac{r^{10}f}{r^5f} = \log r^5$$

이다.

이제 조옮김한 경우를 생각해 보자. 반음 내린 곡의 진동수와 그에 따른 귀의 반응을 계산해 보면 아래의 표와 같다.

조옮김한 곡의 진동수	G♭4 $r^{-2}f$	B♭4 r^2f	D♭5 r^5f	G♭5 $r^{10}f$
조옮김한 곡에 대한 반응	$\log r^{-3}f$	$\log rf$	$\log r^4f$	$\log r^9f$

G♭4에서 B♭4으로 음이 변할 때 음정을 계산해 보면

$$\log rf - \log r^{-3}f = \log \frac{rf}{r^{-3}f} = \log r^4$$

이다. B♭4에서 D♭5으로 음이 변할 때 음정을 계산해 보면

$$\log r^4f - \log rf = \log \frac{r^4f}{rf} = \log r^3$$

이다. D♭5에서 G♭5으로 음이 변할 때 음정을 계산해 보면

$$\log r^9f - \log r^4f = \log \frac{r^9f}{r^4f} = \log r^5$$

이다.

이제 원곡의 음정과 조옮김한 곡의 음정을 서로 비교해 보자. 원곡의 음정은 $\log r^4 \rightarrow \log r^3 \rightarrow \log r^5$과 같이 변했다. 그리고 조옮김한 곡의 음정은 $\log r^4 \rightarrow \log r^3 \rightarrow \log r^5$과 같이 변했다. 어떤가? 원곡의 음정과 조

옮김한 곡의 음정이 서로 같다. 조옮김을 하더라도 음과 음 사이의 간격을 원곡과 동일하게 사람의 귀가 인식하는 것을 나타낸다. 즉 조옮김을 해도 어색하지 않다는 것을 의미한다.

6.3.3. 사례②: 온음씩 올린 경우

그럼 위에서 다룬 원곡을 대상으로 온음 올리면 어떻게 될까? 아래의 표에서 1번째 행은 평균율에서 연주할 때 원곡 악보의 음표와 그 음표에 대응하는 진동수를 나타낸다. 2번째 행은 원곡을 온음 올려 조옮김한 곡의 음표와 그 음표에 대응하는 진동수를 나타낸 것이다. 온음을 올렸기 때문에, 원곡의 진동수를 r^2로 곱하면 조옮김한 곡의 진동수가 얻어진다. 여기서도 $r=\sqrt[12]{2} \cong 1.05946$이다.

원곡의 음표 및 진동수	G4 $r^{-2}f$	B4 r^2f	D5 r^5f	G5 $r^{10}f$
온음 올린 곡의 음표 및 진동수	A4 f	C#4 r^4f	E5 r^7f	A5 $r^{12}f$

사람의 귀는 원곡을 아래의 표와 같이 반응한다.

원곡의 음표 및 진동수	G4 $r^{-2}f$	B4 r^2f	D5 r^5f	G5 $r^{10}f$
원곡에 대한 반응	$\log r^{-2}f$	$\log r^2f$	$\log r^5f$	$\log r^{10}f$

G4에서 B4으로 음이 변할 때 음정을 계산해 보면

$$\log r^2 f - \log r^{-2} f = \log \frac{r^2 f}{r^{-2} f} = \log r^4$$

이다. B4에서 D5으로 음이 변할 때 음정을 계산해 보면

$$\log r^5 f - \log r^2 f = \log \frac{r^5 f}{r^2 f} = \log r^3$$

이다. D5에서 G5으로 음이 변할 때 음정을 계산해 보면

$$\log r^{10} f - \log r^5 f = \log \frac{r^{10} f}{r^5 f} = \log r^5$$

이다.

이제 조옮김한 경우를 생각해 보자. 온음 올린 곡의 진동수와 그에 따른 귀의 반응을 계산해 보면 아래의 표와 같다.

조옮김한 곡의 진동수	A4 f	C#4 $r^4 f$	E5 $r^7 f$	A5 $r^{12} f$
조옮김한 곡에 대한 반응	$\log f$	$\log r^4 f$	$\log r^7 f$	$\log r^{12} f$

A4에서 C#4으로 음이 변할 때 음정을 계산해 보면

$$\log r^4 f - \log f = \log \frac{r^4 f}{f} = \log r^4$$

이다. C#4에서 E5으로 음이 변할 때 음정을 계산해 보면

$$\log r^7 f - \log r^4 f = \frac{r^7 f}{r^4 f} = \log r^3$$

이다. E5에서 A5으로 음이 변할 때 음정을 계산해 보면

$$\log r^{12} f - \log r^7 f = \log \frac{r^{12} f}{r^7 f} = \log r^5$$

이다.

이제 원곡의 음정과 조옮김한 곡의 음정을 서로 비교해 보자. 원곡의 음정은 $\log r^4 \rightarrow \log r^3 \rightarrow \log r^5$과 같이 변했다. 그리고 조옮김한 곡의 음

정은 $\log r^4 \rightarrow \log r^3 \rightarrow \log r^5$과 같이 변했다. 어떤가? 원곡의 음정과 조옮김한 곡의 음정이 서로 같다. 조옮김을 하더라도 음과 음 사이의 간격을 원곡과 동일하게 사람의 귀가 인식하는 것을 나타낸다. 즉 조옮김을 해도 어색하지 않다는 것을 의미한다.

6.3.4. 베버-페히너 법칙을 완벽하게 이해하기

필자는 음의 높낮이를 통해서 베버-페히너 법칙을 가장 잘 이해할 수 있다고 했다. 왜 그런 말을 했을까? 평균율 체계에서 조옮김을 해도 어색하지 않다는 것은 음높이에 대해 베버-페히너 법칙이 그만큼 완벽하게 성립하고 있다는 것을 의미한다. 조옮김을 했을 때 어색하게 들리는 만큼 이상적인 베버-페히너 법칙에서 어긋나고 있는 것이다. 그런데 음의 높낮이처럼 베버-페히너 법칙에서 얼마나 어긋나고 있는지 매우 쉽게 확인해 볼 수 있는 감각을 음높이가 아닌 다른 감각들 중에서 찾을 수 있는가? 음의 높낮이를 통해서 베버-페히너 법칙을 가장 잘 이해할 수 있다는 필자의 주장을 이해하겠는가?

평균율 이전에는 순정율이 사용됐다고 이미 말했었다. 순정율 체계에서의 음악은 평균율 체계에서의 음악보다 우리의 귀에 더 아름답게 들린다. 그런 장점에도 불구하고 순정율이 평균율로 대체된 이유는 순정율 체계에서 조옮김을 하면 어색하기 때문이었다.

6.4. 심리음향학[6]

페히너 법칙이 등장한 시기와 거의 비슷한 시기인 1862년, 독일의 물리학자 헤르만 폰 헬름홀츠(Hermann von Helmholtz)는[7] 「음의 지각에 대하여」라는 책을 출판했다. 이 책은 심리음향학의 효시가 되는 책으로 심리음향학에 있어서 기념비적인 책이라는 평을 받고 있다. 심리음향학은 청각기관과 신경계를 통하여 소리를 어떻게 듣는가하는 청각생리학적 관심사로부터 감각기관을 통해 들은 소리를 어떻게 음악적인 단위인 음으로 표상화시키는가하는 지각심리학적 분야까지를 포함하는 학문이다. 이 책은 심리학이 생리학 또는 물리학과 불가분의 관계가 있음을 입증하는 책으로 헬름홀츠의 이론은 게오르크 옴(Georg Ohm)[8]의 음향학 법칙과 뮐러의 특정 신경에너지 법칙의 연장선상에 있다. 옴 법칙[9]이란 합성음파가 귀로 들어오면 우리의 귀는 그 소리의 스펙트럼을 분석하는 기능[10]을 가지고 있어 배음구조 속에서 각각의 배음들을 하나하나 가려낸다는 것이다. 한편 뮐러 법칙은 각각의 섬유 중 들어오는 영역의 점 하나만 빼놓고는 모두 반응을 보인다는 것이다. 헬름홀츠는 이들의 이론을 근거로 하여 우리가 지각할 수 있는 한 개의 음고마다 이에 상응하는 한 개의 신경이 있다고 믿었다. 헬름홀츠의 이론은 인간이 음을 어떻게 지각하느냐 하

---

6) 본 책에서 중심적인 내용은 아니니까 가벼운 마음으로 읽고 넘어가기를 바란다. 서울대 조수철 교수님이 쓰신 글을 필자가 편집했다.

7) 물리학자인데 나중에 색깔에 대한 베버-페히너 법칙을 공부할 때 또 등장한다.

8) 전기회로 분야에서 옴 법칙으로 유명한 바로 그 사람이다.

9) 물론 전기회로의 옴 법칙을 말하는 것이 아니다.

10) 오디오 시스템으로 CD 등을 재생하여 음악을 감상해 본 적이 있을 것이다. 오디오 시스템을 보면 이퀄라이저가 있다. 음악이 재생되는 동안 이퀄라이저의 막대들은 정신없이 오르락내리락한다.

는 문제를 설명하는 데 있어 청각기관의 생리적 구조와 현상을 빌어 설명하고 있다. 예를 들어 물리적 현상인 진동이 소리로 들리는 것[11]은 고막을 통하여 들어온 진동이 기저막에 있는 털세포를 진동시켜 우리에게는 소리로 느껴지기 때문이다. 뿐만 아니라 우리가 소리의 높낮이를 식별할 수 있는 것은 진동의 주파수에 따라 이 기저막의 서로 다른 부분의 털세포가 진동하고 어떤 부분의 털세포가 진동하느냐 하는 것이 우리의 신경계를 통해 뇌에 전해져 우리가 피치(pitch)[12]를 느낄 수 있다는 주장이다. 헬름홀츠 이후에 음향지각에 관한 책으로는 카를 슈툼프(Carl Stumpf)의 「음향심리학」이라는 책이 있다. 이 책에서는 음악가와 비음악가 모두를 위한 실험방법을 소개하고 있다.

---

11) 심리적 현상이다.
12) 피치가 무엇인지는 이미 설명했다. 자극인 진동수에 대한 반응을 피치라고 한다. 우리말로는 뜻 그대로 음고라고 한다.

제7장

색깔과
베버-페히너 법칙

우리는 별의 밝기에 관해 베버-페히너 법칙을 탐구했다. 우리가 밝기를 느끼는 것은 여러 감각 중에서 시각에 속한다. 그런데 이번에 다루는 시각은 별의 밝기와는 상당히 별개의 분야처럼 느껴질 정도로 색다르다.

음파의 진동수는 소리의 높낮이를 결정한다는 사실을 이미 공부했다. 이와 비슷하게 전자기파[1]의 진동수는 색상을 결정한다. 색상이 무엇인지는 곧 알게 된다.

7.1. 기본 색이론

7.1.1. 기본 용어

색에 대한 이론은 생각보다 복잡하고 까다롭다. 일단 색에 대한 기본 용어부터 정의해보자.

용어	뜻
색상 (色相hue)	색을 빨강, 노랑, 파랑 따위로 구분하게 하는 것으로 색 자체가 갖는 고유의 특성. 색의 3요소의 하나로 물체가 반사하는 빛의 파장의 차이에 의하여 달라진다. 유채색에만 있으며 무채색과의 배합에 의해서는 달라지지 않는다.

---

1) 엄밀히 말하자면 가시광선이라고 해야 한다. 가시광선 영역에 해당하는 파장은 대략 380~780nm이다. 전자기파 전체 영역에서 가시광선과 접하는 영역은 적외선 영역과 자외선 영역이다. 적외선은 파장이 780nm보다 큰 영역이며 자외선은 파장이 380nm보다 작은 영역이다. 즉 적외선 영역과 자외선 영역 사이에 가시광선 영역이 있다.

명도 (明度 brightness)	색의 밝고 어두운 정도. 색의 3요소 가운데 하나.
채도 (彩度 saturation)	색의 선명한 정도. 색의 3요소의 하나로, 유채색에만 있으며, 회색을 섞을수록 낮아진다.
색조 (色調tone)	색의 3요소 가운데서도 명도와 채도를 함께 부르는 용어. 이 색조에는 색상의 개념이 없다.
색도 (色度 chromaticity)	색상과 채도의 복합적 용어.
무채색 (無彩色)	색상이나 채도는 없고 명도의 차이만을 가지는 색. 검정·하양·회색을 이른다.
유채색 (有彩色)	색상, 명도, 채도를 가진 빛깔. 빨강·노랑·파랑과 이들이 섞인 색들로, 검정·하양·회색을 제외한 모든 색이다.
순색 (純色)	하양, 검정, 잿빛 따위가 섞이지 아니한 빛깔
색상환 (色相環)	색을 둥그렇게 배열한 고리 모양의 도표.
보색 (補色)	다른 색상의 두 빛깔이 섞여 하양이나 검정이 될 때, 이 두 빛깔을 서로 이르는 말.
색입체 (色立體)	색상환의 각 지점에 위치한 색상들은 명도와 채도의 변화에 따라 다른 색조로 변하므로 색의 수는 무한히 확장될 수 있다. 이처럼 수많은 색을 체계적으로 입체 형태로 나타낸 것.

7.1.2. 색 체계 고안자들

색채를 계통적으로 분류하여 질서 있게 배열한 것을 색 체계라고 부른다. 색 체계를 고안했던 일부 사람들을 연대순으로 살펴보면 아래 표와 같다. 표에는 없지만 괴테같은 대문호도 색 체계를 고안했다. 이 표에서 나타난 것 말고도 색 체계를 고안했던 사람들은 많다. 본 책의 목적을 고려할 때 가장 중요한 사람은 빌헬름 오스트발트(Wilhelm Ostwald)이다.

연도	이름	설명
1704	뉴턴	중력으로 유명
1722	람베르트	지도투영법으로 유명
1809	영	영국의 물리학자로 빛의 파동론을 주장
1867	헬름홀츠[1]	영의 색 이론을 변형
1905	먼셀	먼셀 색 체계는 색상, 명도, 채도의 3가지 요소를 이용해 색을 표현
1916	오스트발트	자신의 색 체계를 고안하는 데 베버-페히너 법칙을 적용

---

1) 심리음향악에 대해 설명할 때 이미 언급했던 인물이다.

7.2. 뉴턴

인류 역사상 최고 천재 중의 1명이라고 할 수 있는 아이작 뉴턴(Isaac Newton)은 자신의 책인 「자연철학의 수학적 원리」(Philosophiae Naturalis Principia Mathematica)[2]에서 중력에 관한 이론을 펼쳤다. 뉴턴은 모든 물리학 분야에 통달한 유일한 사람이라고 평가해도 될 만한 물리학자이다.

옆 그림은 뉴턴의 색 체계를 나타낸다. 뉴턴의 색 체계는 색깔들의 가산혼합[3]성을 요약하는 편리한 방법이다. Red, Green, Blue는 가산의 주요 색깔들이며 그들의 보색들은 원의 지름의 다른 끝에 놓인다. 그

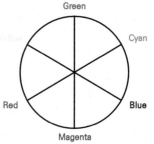

러면 원주상의 Red부터 시작해 시계방향으로 돌면서 나오는 색깔들은 아래 그림의 스펙트럼색[4]에서 오른쪽에서 시작하여 왼쪽으로 가면서 나오는 색깔들이 된다. Magenta는 스펙트럼색이 아니다.

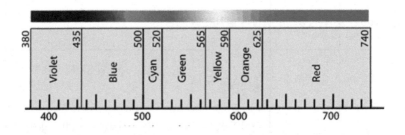

---

2) 간단하게 프린키피아라고 말하는 경우가 많다.
3) 가산혼합의 결과는 다음과 같다. Red+Green+Blue=White. Red+Green=Yellow. Blue+Green=Cyan. Red+Blue=Magenta.
4) 가끔씩 볼 수 있는 무지개는 이와 같이 색이 배열되어 있다.

7.3. 먼셀

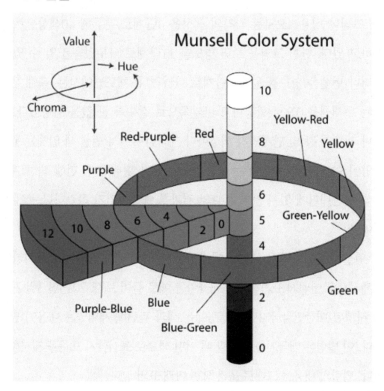

위 그림은 미국의 화가 앨버트 먼셀(Albert Munsell)이 고안한 색 체계를 나타낸 것이다. 축을 따라서 위로 올라갈수록 명도가 높아지고 있으며 축으로부터 바깥쪽을 향해 이동할수록 채도가 높아지고 있음을 알 수 있다. 먼셀은 색상을 hue, 명도를 value, 채도를 chroma라고 부르고 있다. 먼셀의 색상환은 Red, Yellow, Green, Blue, Purple의 5가지 기본색과 이들에 대한 5가지 중간색[5]을 더해서 10색상으로 구성되어 있

5) 그림을 보면 알 수 있다.

다. 그리고 10가지 색상을 각기 10단계로 분류하여 100색상이 되게 했다. 그러나 실용적으로는 각각의 색상을 4단계로 분류해 40색상으로 구성하고 있다. 한편 그림을 보면 명도를 11단계로 나누었음을 알 수 있다. 그러나 먼셀은 명도를 원래 9단계로 나눴었다. 채도면에서는, 축에 위치하는 무채색을 0으로 할당하고 바깥쪽으로 갈수록 큰 값을 할당했다. 그러나 채도가 총 몇 단계인지 색상마다 제각각이어서 먼셀 색 입체는 원통 모양이 아니다. 이 색입체는 울퉁불퉁한 감자 형태이다. 먼셀 색 체계는 보색이 반대편에 있지 않아 혼합의 결과를 예측하기가 곤란하다는 게 단점이다.

먼셀 체계에서 색을 표현할 때에는 색상, 명도, 채도의 순서로 표기한다. 구체적으로 어떻게 표기하는지 태극기를 예로 들어 보자. 2013년 3월 23일에 시행된 대한민국국기법 시행령에는 색과 관련해 재미있는 내용이 담겨 있다. 이 법령은 태극기를 표시할 때 어떤 색으로 표시할지 표준을 제시하고 있다. 법령의 내용을 그대로 옮겨 오면 아래 표와 같다.

색 표시방법 \ 색이름	빨간색	파란색	검은색	흰색
CIE 색좌표	x=0.5640 y=0.3194 Y=15.3	x=0.1556 y=0.1354 Y=6.5	–	–
먼셀 색 표기	6.0R 4.5/14	5.0PB 3.0/12	N 0.5	N 9.5

CIE 색좌표에 대해서는 잠시 뒤에 알아볼 것이다.

7.4. 오스트발트

라이프치히 대학은 19세기 중엽부터 급속하게 발전해 1875년에는 독일에서 가장 큰 대학이 됐다. 근대 심리학의 창시자로 꼽히는 빌헬름 분트(Wilhelm Wundt)는 이런 라이프치히 대학에서 명성이 매우 높은 학자였다. 그는 하이델베르크·취리히 대학의 교수를 거쳐 1875년부터 이 대학의 교수로 재직했으며 1889~1890년에는 총장을 지냈다.

본디 심리학은 철학의 일부분으로서 인간의 정신과 영혼에 대한 사변적인 형이상학의 성격을 띠고 있었다. 그러다가 18세기 말~19세기 초에 이르러 점차 현실적 경험세계를 대상으로 하는 경험과학으로 발전했다. 뒤이어 심리학은 생리학과 물리학 등 자연과학의 영향으로 엄밀한 연구방법을 쌓아 나간다. 특히 베버는 1830년대부터 인간의 촉각을 실험적 방법에 따라 측정하기 시작했다. 페히너는 베버의 실험심리학적 사고에 입각해 정신물리학을 구축했다. 정신물리학은 물리적 세계와 정신적 세계, 곧 외적 자극과 내적 감각의 관계를 실험적 방법을 통해 엄밀하게 측정하고 그 결과를 수학적 언어를 통해 객관적으로 표현하고자 했다.

베버와 페히너는 라이프치히 대학의 교수로 재직하면서 이 도시에서 오랫동안 살았다. 그러니까 이 두 학자가 교수로 재직하며 끼친 영향으로 이 대학은 그 어느 대학보다도 실험심리학의 정신이 강했던 것이다. 실제로 분트는 라이프치히 대학에서 실험심리학의 아버지인 베버와 정신물리학의 아버지인 페히너를 알게 된 것을 더없는 행운으로 생각했다고 한다.

7.4.1. 오스트발트 색 체계의 기본철학

그밖에도 분트는 라이프치히에서 여러 분야의 내로라하는 학자들과 교류하고 토론했는데, 그 대표적인 인물이 1909년에 노벨상을 수상한 오스트발트[6]였다. 오스트발트는 색 체계에 대해 깊은 연구를 수행해서 자신의 이름이 붙은 색 체계를 창안했다. 오스트발트 색 체계는 현실에 존재하지 않는 C, W, B을 조합해 색을 만든다. C는 특정 파장의 빛만 완전히 반사하고 나머지 파장영역을 완전히 흡수하는 이상적인 순색이다. W는 모든 빛을 완전히 반사하는 이상적인 하양이다. B는 모든 빛을 완전히 흡수하는 이상적인 검정이다.

오스트발트는 먼셀의 영향을 받았다. 노벨상을 수상하기 몇 년 전인 1905년에 오스트발트는 먼셀을 만나기도 했었다. 먼셀은 색상[7], 채도, 명도에 따라 색깔들을 정량화하고 표준화하려고 했다. 이 세 속성들 중에서 명도는 오스트발트에게 특별히 중요했다. 한 색깔의 명도에서 지각적으로 동일한 단계들은 로그적인 수열을 따르는 비율로 검정과 하양을 더함으로써 달성될 수 있다고 오스트발트는 믿었다.

7.4.2. 오스트발트 색상환

오스트발트 색상환은 우선 Yellow, Red, Sea green, Ultramarine

---

6) 오스트발트가 색 체계를 창안해 노벨상을 수상했다는 글을 인터넷에서 흔히 볼 수 있는데, 잘못 안 것이다. 오스트발트는 촉매, 화학평형, 반응속도 등에 대한 업적으로 노벨화학상을 수상했다. 만약 색 체계를 창안하여 노벨상을 받는 사람이 미래에 등장한다면, 그 사람에게 수여되는 상은 노벨화학상이 아니라 노벨물리학상일 것이다.
7) 대략적으로 말해서, 지배적인 파장

blue를 4원색으로 설정하며 그 사이사이에 배치한 Orange, Turquoise, Purple, Leaf green의 4가지 색을 합한 8색을 기본으로 하고 있다. 이 8가지 기본색을 각각 3단계씩 나누어 각 색상명 앞에 1, 2, 3의 번호를 붙이는데, 이 중 2번이 중심 색상이 되도록 하였다. 예를 들어 Red에는 1R, 2R, 3R이 있다. 이렇게 총 24색상이 오스트발트 색상환을 이룬다. 오스트발트 색상환 구성 과정을 더 구체적으로 설명하자면 다음과 같다. 처음에 원주를 4등분하여 Yellow와 Ultra-marine blue을 마주보게 배치하며 Red와 Sea green을 마주보게 배치한다. 그러고 나서 사이사이에 Orange, Turquoise, Purple, Leaf green를 배치한다.

7.4.3. 오스트발트 색입체

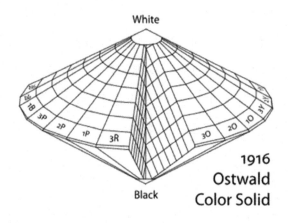

White

1916
Ostwald
Color Solid

Black

위 그림은 오스트발트 색입체를 나타낸다.[8] 오스트발트 색입체는 2개

---

8) 오스트발트 색상환이 표시돼 있다.

의 원뿔을 합쳐 놓은 형태이다.[9] 이 색 체계에서는 명도와 채도를 따로 분리하여 표시하지는 않는다. 오스트발트 색 체계는 그레이스케일[10]에서 자극과 지각 사이의 상관관계를 위해 베버-페히너 법칙을 사용해 디자인했다. 좀더 구체적으로 설명하자면 다음과 같다. 오스트발트 색 체계에서 무채색 단계는 총 8단계이다. 이때 베버-페히너 법칙을 적용하여 하양의 비율을 결정한다. 즉 하양이 차지하는 비율은 페히너 법칙에 따라 등비급수적으로 선택된다. 하양의 비율이 결정되면 검정의 비율도 결정된다. 아래 표를 보자.

기호	a	c	e	g	i	l	n	p
하양량	89%	56%	35%	22%	14%	8.9%	5.6%	3.5%
검정량	11%	44%	65%	78%	86%	91.1%	94.4%	96.5%

일단 각각의 단계에서 하양량과 검정량의 합은 항상 100%임을 제일 먼저 관찰할 수 있다. 그런데 매우 특이한 규칙이 한 가지 있다. 그것은 하양량의 비율에 관한 것이다. 왼쪽에서 오른쪽으로 가면서 하양량이 어떤 비율로 감소하는지 확인해 보자. 아래의 식

$$\frac{89}{56} \cong \frac{56}{35} \cong \frac{35}{22} \cong \frac{22}{14} \cong \frac{14}{8.9} \cong \frac{8.9}{5.6} \cong \frac{5.6}{3.5}$$

에서 알 수 있듯이 하양량은 거의 일정한 비율[11]로 감소함을 쉽게 확인할

---

9) 일부가 잘린 모습이다. 이 그림처럼 잘린 형태가 전체인 것은 아니다.
10) 하양과 검정 사이의 회색 영역을 표시하기 위해 하양과 검정의 비율을 변화시킨 일련의 색조
11) 이 일곱 개의 비율들의 평균을 계산하고 싶으면 어떤 평균으로 해야 하는가? 서문에서 비율들의 평균은 산

수 있다. 색 체계에 베버-페히너 법칙이 응용되는 것은 매우 자연스러운 일이라고 할 수 있을 것이다. 음파의 진동수가 음의 높낮이를 결정하는 것처럼 빛의 진동수는 물체의 색을 결정하기 때문이다. 대부분의 불투명체는 특정 진동수의 빛만 반사시키고 나머지는 흡수한다. 이 반사된 빛이 우리의 눈에 들어오고 물체의 색을 만들어 낸다.

모든 색은 W + B + C = 100%라는 그의 이론에 따라 오스트발트 색 체계에서 색을 나타낼 때에는 하양량과 검정량을 표시해 준다. 색을 나타낼 때 색상 기호, 하양의 함량, 검정의 함량을 순서대로 표시한다. 예를 들어 2Rne라는 색이 있다고 하자. 여기에서 2R는 색상이다. n은 하양량이므로 5.6%이다. e는 검정량이므로 65%이다. 순색의 함량은 100%-5.6%+65%=29.4%이다.

7.5. 색깔은 빛의 진동수에 대한 반응

우리 눈의 망막에는 추상체와 간상체라는 두 종류의 시세포가 있다. 한낮의 밝은 상황에서는 추상체가 자극되어 색을 느낄 수 있다. 그러나 밤이나 어두운 조명에서는 추상체보다 더 감도가 뛰어나지만 색에 대한 식별력이 없는 간상체가 작용하여 흑백사진과 같은 영상을 느끼게 된다.

술평균이 아니라 기하평균으로 계산했다. 이번에도 마찬가지로 기하평균으로 하면 된다. 계산해 보면

$$\sqrt[7]{\frac{89}{56} \times \frac{56}{35} \times \frac{35}{22} \times \frac{22}{14} \times \frac{14}{8.9} \times \frac{8.9}{5.6} \times \frac{5.6}{3.5}} = \sqrt[7]{\frac{89}{56}} = 1.58767$$

이다.

추상체 내에는 특정한 파장[12]에 민감하게 반응하는 세 종류의 세포가 있어 각 세포에 걸리는 자극의 정도에 따라 색을 다르게 느끼게 된다. 기억하기 편하도록 편의상, 이 세 종류의 세포를 R세포, G세포, B세포라고 하자. R세포는 가시광선 전체에 걸쳐서 넓게 빛을 받아들이지만 대체로 붉은 빛에 속하는 파장인 580nm[13] 주변을 더욱 강하게 받아들인다. 노랑과 녹색을 느끼는 G세포는 파장이 545nm[14]인 빛에 가장 민감하다. 청색을 느끼는 B세포는 파장이 440nm[15]인 빛에 가장 민감하다. 세 세포에 걸리는 자극의 강도가 달라지면 색을 다르게 느낀다.

---

12) 어떤 매질에서 진행하고 있는 빛의 진동수와 파장을 곱하면 이 매질에서 진행하고 있는 빛의 속도가 된다. 그러므로 파장이 결정되면 진동수도 유일하게 결정된다. 물론, 진동수가 결정되면 파장도 유일하게 결정된다.

13) 진동수로 환산하면

$$\frac{3 \times 10^8 m/s}{580 \times 10^{-9} m} = 517.241THz$$

이다. 참고로 1THz=10^{12}Hz이다. 3×10^8m/s는 아무 것도 없는 진공에서 빛이 진행하는 속도이다.

14) 진동수로 환산하면

$$\frac{3 \times 10^8 m/s}{545 \times 10^{-9} m} = 550.459THz$$

이다.

15) 진동수로 환산하면

$$\frac{3 \times 10^8 m/s}{440 \times 10^{-9} m} = 681.818THz$$

이다.

7.6. CIE 색좌표

CIE 체계는 세 수치들로 색을 특징 지운다. 그 중 하나는 휘도(luminance)를 나타내는 Y이다. 나머지 둘은 색도 도형 상의 지점을 특정하는 1쌍의 색좌표인 x 및 y이다.

RGB 3원색에 반응하는 인간의 시각적 특성으로부터 색 체계를 유도하기 위하여 유명한 색 일치(color matching) 실험이 1920년대에 이뤄졌다. 가시광선 영역[16]에서 RGB 3원색의 혼합으로 만들어진 색과 각각의 단색이 일치할 때까지 3원색의 배합을 조절하는 실험이었다. 결과적으로 우리는 RGB 3원색에 대응하는 인간의 시감특성인 3자극치 XYZ를 계산할 수 있게 되었는데, 이렇게 알게 된 특정 색의 색도를 2차원 평면 상에 나타낸 것이 CIE xy 색도 도형이다. 2차원 평면에 표시한 것이라 빛의 밝기에 대한 정보는 없고 단지 어떤 색인지에 대한 정보만을 제공한다.

먼셀 체계와 오스트발트 체계보다 CIE 체계는 색 측정에서 더 높은 정확성을 제공해 준다.

CIE 체계는 1960년과 1976년에 개정되었는데 1931년판이 가장 널리 사용된다. 아래 그림은 1976년판 CIE 색도 도형이다.

---

16) 파장이 380~780nm인 영역

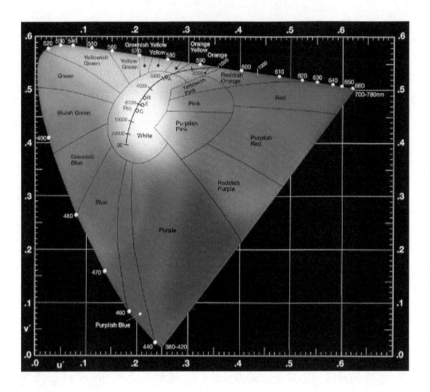

96

제8장

악취와
베버-페히너 법칙

악취란 무엇일까? 물론 악취가 뭔지는 누구나 다 알고 있다. 표준국어대사전에서는 겨우 두 단어들로 악취를 정의하고 있다. '나쁜 냄새'라고! 그러면 냄새란 무엇인가? 표준국어대사전에서는 코로 맡을 수 있는 온갖 기운이라고 냄새를 정의하고 있다.

8.1. 신비로운 화학적 감각

지금까지 다룬 감각들은 모두 물리적 감각의 범주에 속했다. 우리는 미각과 함께 후각을 화학적 감각이라고 부르는데, 이는 둘 다 화학적 신호를 감각으로 변환하기 때문이다. 공학적으로, 화학적 감각은 물리적 감각에 비해 연구가 덜 되어 있다. 시각, 청각, 촉각을 재현한 기술은 우리 주변에서 이미 쉽게 찾아볼 수 있다. 카메라는 시각을 재현한 것이다. 마이크는 청각을 재현한 것이다. 터치 센서는 촉각을 재현한 것이다. 하지만 후각과 미각의 재현은 아직 연구 단계에 머무르고 있다. 냄새나 맛을 인지하는 실용적 장치는 아직 없다. 후각은 미각보다 더욱 복잡하여 가장 신비로운 감각이라고 할 수 있다. 시각의 경우에 빛의 3원색을 느끼는 3개의 수용체만으로 모든 색깔을 구별해 내는 반면에, 후각의 경우에 냄새 분자와 결합하는 수용체 유전자가 1000여 개에 이른다고 한다.

그렇다면 후각과 관련하여 베버-페히너 법칙이 있을까? 물론 있다. 자극은 공기 중의 악취물질의 농도이며 반응은 악취의 정도이다. 이때 페히너 법칙에서 나타나는 비례상수는 물질에 따라서 달라진다.

8.2. 악취와 악취물질

처음에 필자는 악취가 무엇이냐고 독자여러분에게 질문했었다. 필자가 괜히 그랬던 것은 아니다. 필자가 굳이 독자에게 질문했던 이유는 악취를 법령에서 훨씬 더 구체적으로 정의하고 있기 때문이다. 2013년 7월 16일에 시행되기 시작한 악취방지법의 조항을 살펴 보자. 제2조에서 악취의 뜻과 악취의 원인이 되는 물질을 규정하고 있다.

> **제2조(정의) 이 법에서 사용하는 용어의 뜻은 다음과 같다. 〈개정 2013.7.16〉**
>
> 1. "악취"란 황화수소, 메르캅탄류, 아민류, 그 밖에 자극성이 있는 물질이 사람의 후각을 자극하여 불쾌감과 혐오감을 주는 냄새를 말한다.
>
> 2. "지정악취물질"이란 악취의 원인이 되는 물질로서 환경부령으로 정하는 것을 말한다.
>
> 4. "복합악취"란 두 가지 이상의 악취물질이 함께 작용하여 사람의 후각을 자극하여 불쾌감과 혐오감을 주는 냄새를 말한다.

본 책의 목적은 베버-페히너 법칙에 대해서 설명하는 것이다. 황화수소, 메르캅탄류, 아민류가 무엇인지 설명하는 것은 본 책의 목적 달성에 전혀 도움되지 않는다. 이 물질들이 무엇인지 몰라도 독자여러분들이 본 책을 이해하는 데 문제될 것이 전혀 없다. 그렇다면 이제 제2조제2호에서 말하고 있는 '환경부령으로 정하는 것'이 뭔지 파악하기 위해 2012년 10월 18일에 시행되기 시작한 '악취방지법 시행규칙'을 살펴 보자.

제2조(지정악취물질)「악취방지법」제2조제2호에 따른 지정 악취물질은 별표1과 같다.
[전문개정 2011.2.1]

　계속해서 별표1을 찾아가 보면 악취물질의 종류와 언제부터 적용되는지 아래와 같이 표로 정리되어 있다.

[별표1] 〈개정 2011.2.1〉

지정악취물질(제2조 관련)

종류	적용 시기
1. 암모니아 2. 메틸메르캅탄 3. 황화수소 4. 다이메틸설파이드 5. 다이메틸다이설파이드 6. 트라이메틸아민 7. 아세트알데하이드 8. 스타이렌 9. 프로피온알데하이드 10. 뷰틸알데하이드 11. n-발레르알데하이드 12. i-발레르알데하이드	2005년 2월 10일부터

13. 톨루엔 14. 자일렌 15. 메틸에틸케톤 16. 메틸아이소뷰틸케톤 17. 뷰틸아세테이트 18. 프로피온산 19. n-뷰틸산 20. n-발레르산 21. i-발레르산 22. i-뷰틸알코올	2008년 1월 1일부터

표[1]를 보면 현재 법령에서 총 22종의 물질을 악취물질로 지정하고 있다는 것을 알 수 있다.

8.3. 악취 판정

악취물질은 매우 낮은 농도에서 냄새가 감지되기 시작한다. 하수처리장에서 발생하는 메틸아민, 에틸아민, 트라이메틸아민은 매우 낮은 최소감지농도를 갖는데 순서대로 각각 0.02ppmv, 0.039ppmv, 0.0002ppmv[2]에서 냄새가 감지된다.

---

1) 각각의 물질에 대해 전혀 몰라도 괜찮다. 표 전체를 굳이 게시한 이유는 악취에 대한 규정이 이렇게 체계화되어 있다는 사실을 독자에게 단순히 보여주기 위함이다.

2) ppm은 무게 또는 부피의 비율로 사용된다. 혼동을 막기 위해서 무게 비율로 사용된 ppm을 ppmw(ppm by weight)로 표시하며 부피 비율로 사용된 ppm을 ppmv(ppm by volume)로 표시하기도 한다.

2007년 10월 4일에 시행된 악취공정시험법[3]에서는 공기희석관능법[4]을 바탕으로 악취물질을 측정하라고 규정하고 있다. 베버-페히너 법칙에서 반응에 해당하는 악취도를 아래 표와 같이 판정한다. 이 판정표도 악

악취	악취 감도	설명
0	무취 (None)	상대적인 무취로 평소 후각으로 아무것도 감지하지 못하는 상태
1	감지 냄새 (Threshold)	무슨 냄새인지 알 수 없으나 냄새를 느낄 수 있는 정도의 상태
2	보통 냄새 (Moderate)	무슨 냄새인지 알 수 있는 정도의 상태
3	강한 냄새 (Strong)	쉽게 감지할 수 있는 정도의 강한 냄새. 예를 들어, 병원에서 크레졸 냄새를 맡는 정도의 냄새
4	극심한 냄새 (Very Strong)	아주 강한 냄새. 예를 들어, 여름철에 재래식 화장실에서 나는 심한 정도의 상태
5	참기 어려운 냄새 (Over Strong)	견디기 어려운 강렬한 냄새로 호흡이 정지될 것 같이 느껴지는 정도의 상태

3) 악취공정시험법은 환경부에서 담당하는 행정 규칙이다. 행정 규칙이란 행정 주체가 정한 일반적인 규정으로서 법규의 성질을 갖지 아니하는 규칙을 말한다. 행정 기관 안에서만 효력을 가지는 명령, 훈령, 사무장정 따위이다.
4) 공기희석관능법이 무엇인지 모르고 그냥 넘어가도 좋다. 환경 쪽에 많은 지식이 있는 독자라면 관심이 갈 수도 있을 것이다. 만약 공기희석관능법이 무엇인지 궁금하다면 악취공정시험법에서 찾아보면 된다.

취공정시험법에서 규정하고 있는 것이다.

별의 등급체계는 세계 공통이다. 어느 나라를 가더라도 임의의 별의 등급은 변하지 않는다. 그러나 악취 판정체계는 세계 공통이 아니다. 우리 나라는 6등급 체계이지만, 다른 나라는 6등급 체계가 아닌 경우가 있다.

8.4. 악취물질의 농도와 악취도

후각과 관련해 베버-페히너 법칙에서 자극은 공기 중의 악취물질의 농도이며 반응은 악취의 정도라는 사실을 이미 언급했다. 몇 가지 악취물질에 대해 농도 및 그에 대한 반응인 악취도를 나타내 보면 아래 표와 같다. 표에서 농도의 단위는 ppm[5]이다.

물질 \ 악취도	1	2	2.5	3	3.5	4	5
암모니아	0.1	0.6	1	2	5	10	40
황화수소	0.0005	0.0006	0.02	0.06	0.2	0.7	9
황화메틸	0.0001	0.0002	0.01	0.05	0.2	0.8	20
이황화메틸	0.0003	0.003	0.0009	0.03	0.1	0.3	3
트라이메틸아민	0.0001	0.001	0.005	0.02	0.07	0.2	3
아세트알데하이드	0.002	0.01	0.05	0.1	0.5	1	10
스타이렌	0.03	0.2	0.4	0.8	2	4	20

5) 농도의 단위로 흔히 사용되며 100만 분의 1을 의미한다.

제9장

감상 및 비판

9.1. 감상

페히너는 정신물리학이라는 단어를 만들어 냈는데, 그는 육체와 정신 사이의 관계 혹은 의존성의 정확한 원칙이라고 정신물리학을 정의했다. 이 관계 혹은 의존성은 페히너 일생의 관심거리였다. 물리적 사실과 정신이 있는 사실은 하나의 실재의 양면들이라는 관념을 확립하는 것은 그의 희망이었다. 페히너는 자신의 법칙이 정신물리학의 주요일반화라고 간주했다. 그의 유능하고 헌신적인 제자인 분트는 후세를 위해 페히너 법칙을 지켰다. 그의 스승이 정신물리학적인 해석을 내놓은 반면에 1874년의 책에서 분트는 페히너 법칙을 심리학적으로 해석했다.

1860년에 발표된 페히너 법칙이 과학 세계에 끼친 충격은 어느 정도였을까? 초반에는 충격이 제한적이었다. 정신물리학에 해당하는 영어 단어가 처음 발견된 해는 1879년이다. 어떤 프리랜스 작가의 사후에 출판된 작품에서 그 영어 단어가 등장했다.

페히너 법칙은 어느 정도 정확할까? 사실, 페히너 법칙보다 더 정확하다고 인정받고 있는 법칙이 몇 십년 전에 등장했다. 우리의 감각기관들의 반응은 로그 법칙이 아니라 거듭제곱 법칙에 훨씬 잘 맞는다는 것이다. 심지어, 페히너 법칙은 이제 죽었다고 표현하는 사람도 있다. 그러나 독자 여러분들이 자극과 반응에 대해 연구하는 과학자가 될 꿈을 가지고 있는 것이 아니라면, 여러분들이 거듭제곱 법칙까지 알려고 노력할 필요는 전혀 없고 페히너 법칙을 부정할 필요도 없다. 다음의 사실을 독자들에게 강조하고 싶다. 현재까지도 여전히, 많은 천문학 교과서들은 빛에 대한 눈의 반응이 로그함수적이라고 학생들에게 가르치고 있다.

9.2. 비판

페히너의 정신물리학적 법칙은 1세기가 넘는 기간 동안 논쟁의 대상이었다. 페히너 법칙은 웨버의 확실한 관찰과 측정에 기반한다. 감각은 연속적인 증가들로 이루어진다고 간주될 수도 있다고 페히너는 가정했는데, 이때 연속적인 증가들 각자는 하나의 JND에 대응한다. 더 나아가 그는 JND들은 감각의 편성단위라고 가정했는데, 다른 수치값들에도 불구하고 감각의 편성단위들은 주관적으로 동일하다. 그러므로 감각이 측정 가능하다고 가정하고, 자극 R과 감각 S의 수치 표현을 위해 선택된 단위에 의존하는 상수 C를 도입하고, 웨버 법칙을 미분방정식으로 간주하고 이것을 적분하여 페히너는 로그함수

$$S = C \log R$$

에 도달했다.

9.2.1. 제임스

페히너 법칙은 몇 가지 이유로 비판받아왔다. 미국의 철학자 윌리엄 제임스(William James)는 1890년의 책에서 모든 감각은 의식의 개별적인 사실이지 더 약한 감각들의 합계가 아니라고 지적했다. 그리고 그는 하나

의 JND를 일으키는 자극 증분들은 수치적으로(객관적으로) 같지 않을 뿐만 아니라 주관적으로 같지 않은 느낌을 준다고 지적했다.

9.2.2. 스티븐스

미국의 심리학자 스탠리 스티븐스(Stanley Stevens)는 1957년의 논문에서 JND들은 감각에서 일정한 차이들이라는 것을 나타내는 것이 아니라 감각에서 일정한 비율들을 나타낸다고 제안했다. 즉, 자극에서 같은 비율들은 같은 주관적인 감각 비율들을 낳는다. JND들을 더하는 대신에 스티븐스는 관찰자에게 어떤 다른 표준 자극에 관하여 특별한 자극의 크기를 판단하라고 요구할 것이다. 이러한 과정으로부터 얻어지는 자료를 기초로 하여, 스티븐스는 감각 등급 ψ은 자극 등급 S의 멱함수[1]로써 커진다고 제안했다. 즉

$$\psi = KS^n$$

이 성립한다는 것이었다. 여기에서 K는 측정의 단위에 의존하는 비례상수이다.

9.2.3. 왓슨

1973년의 책에서 왓슨은 스티븐스의 과정에 의해 도출된 수치등급에서 도덕적 판단의 반응이 감각의 측도로써 사용될 수 있다는 것에 이의를 제기했다.

---

[1] 멱함수를 영어로 power function이라고 한다. 스티븐스 법칙에 관해 인터넷을 검색해 보면 power frunction을 지수함수로 번역해 놓은 것을 흔히 볼 수 있다. 그러나 멱함수와 지수함수는 엄연히 다르다. 자세한 사항은 부록을 참고하라.

제10장

정신물리학

정신물리학은 과학자이자 철학자인 페히너에 의해 19세기 중반에 토대가 마련됐다. 페히너는 생리학자로 그의 과학적 경력을 시작했는데 그 이후에 육체와 정신 사이의 관계에 절실한 흥미를 갖는 물리학자가 됐다. 정신물리학은 이 흥미로부터 기인했으며 정신물리학은 실제로 밝기와 소리의 크기 혹은 무거움의 감각들처럼 주로 감각에 관계했다. 페히너가 유명해진 건 두 가지이다. 한 가지는 들려진 무게에 관한 웨버의 실험을 기초로 페히너에 의해 착상된 웨버 법칙인데, 이 법칙은 겨우 인식할 수 있는 무게차이는 기준 무게에 정비례한다는 것이었다. 다른 한 가지는 실험을 토대로 한 것이 아니라 페히너의 직관적인 통찰을 토대로 한 페히너 법칙인데, 이 법칙은 감각들의 주관적인 등급들은 그것들을 자아내는 자극들의 세기의 로그로 커진다는 것이었다. 로그함수는 적절하게 보였다. 왜냐하면 빛 세기에 비해 밝기와 같은 감각들이 주관적으로 느리게 커진다는 것을 로그함수가 반영했기 때문이다.

우리들 둘러싸고 있는 물리적 세계와 우리의 마음 속에서 그것을 표현하는 일 사이의 관계에 대한 의문은 페히너가 1860년에 정신물리학을 확립할 때까지 정량적인 과학으로 성숙하지 않았다. 그런데 페히너보다 훨씬 오래 전에 로그함수적인 공식이 있었다. 이미 1738년에 스위스의 수학자인 베르누이는 돈의 주관적 가치가 돈의 양의 로그로 증가한다는 결론에 도달했다. 그는 객관적 가치보다 훨씬 더 느리게 주관적 가치가 증가함을 관찰했다.

페히너는 베버보다 6살 아래였다. 라이프치히 대학교에서 의대 학생

일 때 페히너는 베버 밑에서 해부학과 생리학을 공부했다. 1860년의 책 제1권에서 페히너는 외면적인 정신물리학에 관심이 있었다. 외면적인 정신물리학은 물리적인 자극과 심리적인 반응 사이의 관계를 의미한다. 내적인 정신물리학은 제2권에서 다뤄졌다. 페히너는 정신물리학의 과제를 처음으로 도입했다. 그는 절대적인 민감성을 측정하기 위한 방법들을 기술했으며 감각의 등급을 측정하는 것이 가능한지의 여부를 다뤘다. 그는 등급을 직접적으로 어림한다는 생각을 거부했다. 대신에, 그는 JND들로부터 감각 척도들을 확립하는 것을 주장했다.

그는 베버 법칙의 확인을 중요한 과제로 간주했다. 그의 로그함수적 법칙은 베버 법칙을 토대로 했기 때문에, 베버 법칙이 최소한 대체적으로라도 성립해야 한다는 것이 페히너에게 중요했다. 베버 법칙에서 벗어나는 것은 페히너 법칙에 영향을 줄 것이다. 불일치하는 것들을 조사하고 설명하는 것이 페히너에게 필요했다. 다양한 출처들로부터의 증거를 정밀하게 살핀 페히너는 그 법칙이 대체로 성립한다고[1] 결론했다. 그 법칙이 대체로 성립할 때조차 매우 낮고 높은 세기에서는 베버 상수가 올라가는 경향이 있음에 페히너는 주목했다.

10.1. 베버 법칙

비록 극단적으로 높고 낮은 자극 세기에서는 베버 법칙이 무너지지만,

---

1) 예를 들어 시각, 소리 크기, 소리 높낮이 등

우리가 종종 마주치게 되는 범위 내에서는 베버 법칙이 상당히 잘 성립한다. 그러므로 베버 법칙은 다양한 감각들에서 차이들을 식별하는 능력의 합리적인 지표를 우리에게 제공한다. 다양한 감각들에 대해 베버 상수를 알아본 결과는 아래 표와 같다.

감각	베버 상수
청력 – 음의 높낮이	1/333
시력 – 백색광의 밝기	1/60
운동 감각 – 들려진 무게	1/50
청력 – 음의 크기	1/20
촉감 – 피부에 인가된 압력	1/7
냄새 – 지우개	1/4
맛 – 소금 농축	1/3

이 표를 보면 사람이 음고의 차이에 대단히 민감하다는 사실을 알 수 있다.

10.2. 페히너의 로그함수 법칙

페히너조차도 직접적으로 감각을 측정하는 방법을 알지 못한다고 진술했다. 이 고통은 저 고통보다 더 강하다거나 이 빛은 저 빛보다 더 밝다고 우리는 말할 수 있을 뿐이라는 것을 페히너는 인정했다. 그러나 단순한 비교는 충분하지 않다. 감각을 실제적으로 측정하는 것은 어떤 주어진 감각이 다른 감각의 몇 배라고 우리가 부를 수 있다는 것을 필요로 하는데 누가 그렇게 말할 것이냐고 페히너는 말했다. 그래서? 그래서 페히너는 무엇을 했는가? 그는 해결했다: 만약 그가 감각의 편성단위들을 창조한다면, 그는 그것들을 총계할 수 있을 텐데! 만약 편성단위들이 모두 동일한 크기라면, 편성단위들을 세어봄으로써 그가 감각을 측정할 수 있을 텐데! 페히너의 주의는 우리가 지금 베버 법칙이라고 부르는 것을 1834년에 제안했던 베버의 작업으로 환기됐다. 베버 이전의 다른 사람들과 베버는 감각의 변화가 겨우 인식할 수 있게 되기 위해서 일정한 비율이 더해져야 한다는 것을 주목했다. 즉, 지각되는 차이를 만드는 것은 상대적인 문제이다. 작은 자극에게는 단지 작은 양이 더해질 필요가 있다. 큰 자극에게는 큰 양이 더해져야 한다. 그러므로 JND는 자극의 크기에 정비례해 더 커진다고 베버 법칙은 말한다.

페히너는 베버 법칙을 인정했고, 새로운 특징을 추가했다. JND가 자극에 더해질 때마다 감각이 일정한 크기만큼 증가한다고 페히너는 제안했다. 동일한 감각 증분은 그가 감각을 측정하기 위해 필요한 동일한 편성단위들을 발견했다고 생각하게 만들었다. 베버 법칙과 페히너 가정의 결합은 감각의 증가에 대해 로그함수적인 법칙으로 직접 이끌었다. 우리는 감각에 대한 페히너의 척도를 사다리로 생각할 수도 있다. 소리 크기를 예로 들어 설명하겠다. 지금 어떤 실험을 상상하자. 필자가 매우 희미한 소리를 냈는데, 너무나 희미해서 독자는 그것을 들을 수 없다. 필자는 소리의 세기가 독자의 절대문턱에 도달하는 순간까지 세기를 증가시킨다. 이 시점에서 독자는 그것을 가까스로 들을 수 있다. 이 상황은 우리가 사다리의 첫 계단을 밟은 것이다. 필자는 이제 매우 서서히 세기를 증가시킨다. 독자는 소리가 더 커졌다고 느끼는 순간 필자에게 알려 준다. 이 상황은 우리가 사다리의 두 번째 계단을 밟은 것이다. 계속 이런 방식으로 실험을 수행한다. 이 실험의 목적은 무엇일까? 우리가 측정하기를 원하는 소리 크기의 값에 도달할 때까지 우리는 단계적으로 진행할 수 있다. 그 값은 무엇인가? 그것은, 페히너에 따르면, 밟고 올라간 개수이다. 그러므로 그 계단들을 세어보는 과정은 개념적으로 매우 깔끔하다. 그러나 실제적으로는 성가실 것이다. 계단들의 크기는? 만약 계단들이 주관적인 크기에서 동일하지 않다면, 사다리의 계단들을 세어보려고 시도하는 것에 이익은 거의 없다. 페히너에게 모든 계단들은 가정에 의해 주관적으로 동일했다. 어떤 사람에게 그의 감각의 등급들을 직접 판단하라고 요구하는 대신에, 페히너는 그가 JND를 측정했던 식별 판정을 여러 차례 수행했다.

비록 이런저런 논란이 있었지만, 페히너에게는 옹호자들이 있었다. 결과적으로 페히너의 정신물리학적 법칙은 거의 모든 교과서에서 상세히 설명되는 표준이 되었다. 그리고 정신물리학자들은 10월 22일을 페히너의 날로 경축한다.

10.3. 스티븐스의 멱함수 법칙[2]

페히너 법칙이 세상에 모습을 드러낸 지 100여 년이 지나 새로운 법칙이 등장했다. 그것은 감각과 자극 사이에 성립하는 관계식은 로그함수가 아니라 멱함수라는 법칙이었다. 감각 등급이 자극 세기의 멱함수로 커진다는 법칙은 빛과 소리에 대해 스티븐스가 처음 제안했다. 그것은 1953년의 논문에서 발표됐다. 그 후에 스티븐스는 인간의 감각들과 물리적 자극들 사이의 관계를 정량적으로 기술하는 일반적인 법칙으로 그것을 제안했다.

유도과정은 간단하다. 자극의 물리적 등급에 대해서

$$\frac{\triangle S}{S} = c_1$$

이 성립하며 자극의 주관적 등급에 대해서

$$\frac{\triangle \psi}{\psi} = c_2$$

이 성립한다. 여기에서 c_1과 c_2는 둘 다 상수이다. 두 방정식을

$$\frac{\triangle \psi}{\psi} = \frac{c_2}{c_1} \frac{\triangle S}{S} = n \frac{\triangle S}{S}$$

처럼 결합하자. 유한 차분을 미분으로 바꾸어

$$\frac{d\psi}{\psi} = n \frac{dS}{S}$$

을 얻은 후 적분하면

$$\ln \psi = n \ln S + \ln K$$

---

2) 본 책의 집필 목적은 페히너 법칙을 중심에 두고 있다. 설령 페히너 법칙보다 스티븐스 법칙이 더 잘 들어맞는다 하더라도 페히너 법칙은 아직까지도 널리 인정받고 있다.

이다. 여기에서 ln K는 적분상수이다. 정리하면 최종적으로

$$\varphi = KS^n$$

이 얻어진다. K는 측정의 단위에 의존하는데 그다지 흥미로운 요소가 아니다. 지수 n의 값은 관심대상이다.

원래 1975년에 출판됐고 2008년에 재인쇄된 자신의 책인 「정신물리학」에서 스티븐스는 주관적인 등급에 자극 등급을 관련시키는 멱함수들의 많은 예를 제시했다. 일부 내용을 옮겨 온 것이 아래의 표이다.

	측정된 지수	자극 조건
소리 크기	0.67	3000Hz 음의 소리 압력
밝기	0.5	점광원
밝기	0.5	잠깐의섬광
명도	1.2	회색 종이들의 반사
맛	1.3	수크로오스
맛	1.4	소금
맛	0.8	사카린
냉기	1.0	팔에 금속 접촉
온기	1.6	팔에 금속 접촉
뜨거운 고통	1.0	피부에 방사되는 열
무거움	1.45	들려진 무게
전기 충격	3.5	손가락을 통한 전류

10.4. 페히너 법칙과 스티븐스 법칙을 비교

자극이 x배 되면 페히너 법칙과 스티븐스 법칙에서 감각은 각각 몇 배가 되는지를 비교해 보자. 페히너 법칙의 경우에는

$$\frac{k_{페히너}\log\frac{xs}{s_0}}{k_{페히너}\log\frac{s}{s_0}} = \frac{\log x + \log\frac{s}{s_0}}{\log\frac{s}{s_0}} = 1 + \frac{\log x}{\log\frac{s}{s_0}}$$

에서 알 수 있듯이 $\left(1+\dfrac{\log x}{\log\frac{s}{s_0}}\right)$배가 된다. 스티븐스 법칙의 경우에는

$$\frac{K_{스티븐스}(xs)^n}{K_{스티븐스}s^n} = X^n$$

에서 알 수 있듯이 x^n배가 된다.

10.5. 스케일링

자극에 비례해서 감각하는 것이 아님을 알았다. 그러므로 우리는 감각의 경험의 등급을 스케일링해야 한다. 스케일링한다는 말은 비율에 따라 정한다는 말이다. 이게 무슨 말인가? 감각의 경험의 스케일링에 관한 작업에서 페히너는 측정의 단위로 JND를 사용했다. 그의 작업은 페히너 법칙으로 결국 알려지게 되는 원리를 산출했다. 페히너 법칙은 감각의 경험의 등급은 JND들의 개수에 비례한다는 것을 나타낸다. 페히너 법칙의 한 가지 중요한 결과는 자극 세기에서 일정한 증분들은 감각의 '지각된 등급'에서 점점 더 작은 증가를 낳는다는 것이다.

감각을 스케일링하는 데 페히너 식으로 접근하는 것의 장점에 스티븐

스는 이의를 제기했다. 스케일링하는 데 스티븐스 식으로 접근하는 것은 자극이 얼마나 강렬하다고 여겨지는지를 토대로 자극에 값을 할당하라고 피실험자들에게 요구하는 것을 필요로 했다. 현대의 많은 정신물리학자들은 이 접근법이 자극 세기와 감각의 경험 사이의 관계를 연결하는 최고의 방법이라고 믿고 있다. 그러나 이 방법의 일부분은 아직 논란거리이다.

지각은 절대 척도로 측정될 수 없다. 감각의 경험의 영역에서 모든 것은 상대적이다.

제11장

정보이론과의 관계

정보이론은 매우 혁명적인 이론이다. 정보이론은 1948년 클로드 섀넌 (Claude Shannon)이라는 수학자의 논문을 통해 세상에 모습을 드러냈다.

정보이론이 등장하고 나서 불과 몇 년 후에 정보이론과 페히너 법칙을 연관지으려는 노력이 나타났다. 그러나 수십 년 동안 이런 저런 가설이 난무할 뿐 이 분야가 공식적으로 인정받고 완전히 체계화되기까지는 오랜 기간이 더 걸릴 것 같다.

11.1. 정보이론

11.1.1. 정보량

게임①: 아래의 그림처럼 8장으로 된 카드 한 벌이 있다.

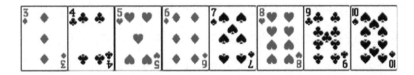

이 중에서 한 장을 임의로 고르라고 상대방에게 시킨 뒤 내가 그 카드를 맞출 때까지 질문을 한다고 하자. 능률적으로 질문을 한다면 최대 3번의 질문을 통해 그 카드를 맞출 수 있다. 상황을 구체적으로 살펴보자. 처음에 "7 이상이냐?"라는 질문을 했더니 "아니다."라는 대답을 들었다고 하자. 그러면 해당 카드는 3부터 6까지 중에서 어느 하나다. 이제 이 4장을 대상으로 질문을 하면 된다. 예컨대, "4 이하냐?"라는 질문을 했더니 "아니다."라는 대답을 들었다고 하자. 그러면 해당 카드는 5 아니면 6이

다. 따라서 마지막으로 "5냐?"라는 질문을 통해 해당 카드를 맞출 수 있다. 이와 같이 해당 카드를 맞추기 위해 필요한 최대 질문의 개수 3은 상대방의 정보량이다.

게임②: 아래의 그림처럼 7장으로 된 카드 한 벌이 있다.

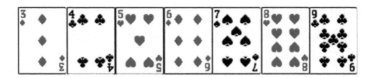

이 중에서 한 장을 임의로 고르라고 상대방에게 시킨 뒤 내가 그 카드를 맞출 때까지 질문을 한다고 하자. 능률적으로 질문을 한다면 최대 3번의 질문을 통해 그 카드를 맞출 수 있다. 상황을 구체적으로 살펴보자. 처음에 "6 이하냐?"라는 질문을 했더니 "아니다."라는 대답을 들었다고 하자. 그러면 해당 카드는 7부터 9까지 중에서 어느 하나다. 이제 이 3장을 대상으로 질문을 하면 된다. 예컨대, "8이냐?"라는 질문을 했더니 "아니다."라는 대답을 들었다고 하자. 그러면 해당 카드는 7 아니면 9이다. 따라서 마지막으로 "9냐?"라는 질문을 통해 해당 카드를 맞출 수 있다. 이와 같이 해당 카드를 맞추기 위해 필요한 최대 질문의 개수는 3이다.

게임③: 앞면이 나올 확률이 13이고 뒷면이 나올 확률이 23인 동전을 던지는 게임을 친구와 하자. 던져서 나온 동전이 앞면인지 뒷면인지 친구만 알고 있다면, 친구가 가진 정보량은 얼마일까? 물론 이 경우에 나는 단한 번의 질문을 통하여 앞면인지 뒷면인지 맞출 수 있다. 그런데 던져진 동전이 앞면이라면, 뒷면인 경우보다 좀더 놀라움을 느낄 것이다. 왜냐하면 뒷면이 나올 확률이 앞면이 나올 확률의 2배이기 때문이다. 이런 경우 우리는 정보량을

$$\frac{1}{3}\log_2 3 + \frac{2}{3}\log_2\frac{3}{2} \approx 0.92$$

로 계산한다.

게임③에서 앞면이 나올 확률과 뒷면이 나올 확률이 같을 때의 정보량은 얼마일까? 간단한 질문이다. 두 확률이 같을 때의 정보량은

$$\frac{1}{2}\log_2 2 + \frac{1}{2}\log_2 2 = 1$$

임을 쉽게 계산할 수 있다.

이제 독자들에게 상당히 까다로운 질문을 하겠다. 게임②의 경우에 정보량을 3로 하는 것이 합리적인가? 그렇지 않다. 카드의 개수가 달라지면 정보량도 달라져야 한다. 그렇다면 일반적으로 카드의 개수가 n일 때 정보량은 어떻게 되는지 논리적으로 설명할 수 있겠는가? 게임③을 보면 정보량이 꼭 정수일 필요는 없다는 것을 알 수 있다. 그리고 게임③에서 정보량 계산식을 보면 로그함수가 있다. 로그함수와 카드 맞추기 게임을 연관지어 생각을 해보면 될 것이다. 일단, 카드의 총개수가 2^n일 때 정보량이 n임은 자명하다. 즉 카드의 총개수가 2^n일 때 정보량은 최대 질문 개수와 일치한다. 그렇다면 카드의 총개수가 2^n와 2^{n+1} 사이일 경우에는? 이것을 해결하려면 $\log_2 2^n = n$을 생각할 수 있어야 한다. 이것을 생각할 수 있다면, 카드의 총개수가 m일 때 정보량은 $\log_2 m$이 된다는 것을 알 수 있게

된다. 물론 이 경우에 $\log_2 m$은 정수가 아니다. 즉 카드의 총개수가 2^n와 2^{n+1} 사이일 경우에 정보량은 최대 질문 개수와 약간의 차이가 있다.

11.1.2. 정보이론의 응용

정보이론은 응용수학의 한 분야이다. 구체적으로 어디에 적용할까? 컴퓨터를 사용하다 보면 파일들을 압축하거나 압축을 푸는 경우가 자주 있다. 정보이론은 압축에 관한 이론에서 기초 토대가 된다. 우리는 최근 음악을 들을 때 MP3 형식의 음악파일을 재생하여 듣는다. 많은 독자들이 알고 있듯이 MP3 형식은 원래의 음악을 압축해 놓은 것이다. 이런 MP3 역시 정보이론이 적용된 것이다. 그리고 요즘 동영상 인코딩이 유행이다. 인코딩을 할 때도 정보이론은 기초가 되는 이론이다.

11.2. MIT가 주목한 발상

섀넌은 발생확률이 P인 기호의 정보량을

$$I = -\log_2 P = \log_2 \frac{1}{P}$$

으로 정의했는데, 여기에서 정보량의 단위는 비트이다.[1] 그러나 이 방정식을 우리는

$$I = -\log_2 \frac{P}{1} = -\log_2 \frac{P}{P_0}$$

으로 변형할 수 있다. 물론 $P_0 = 1$이다. 왜 이렇게 변형했을까? 이렇게 변

---

1) 앞에서는 정보량의 단위를 언급하지 않았었다. 그러나 정보량에는 엄연히 단위가 있다.

형한 방정식을 페히너 함수식

$$R = C\log_2 \frac{S}{S_0}$$

과 비교해 보면, 놀랍게도 정보량의 정의식과 페히너 함수식이 동일한 형태임을 알 수 있다. 물론 형태만 동일하다고 놀라운 것은 아니다. 동일한 위치에 있는 변수들이 대응가능한지의 여부가 아직 남아 있다. 그 여부를 따져 보자. 형태가 동일한 것이 우연일까 아니면 필연일까?

11.2.1. 확률은 특별한 종류의 자극이며 정보량은 특별한 종류의 반응이다.

페히너 법칙에서 문턱값보다 낮은 자극은 실용적으로 의미가 없으므로 $S \geq S_0$이다. 한편 확률은 항상 1 이하이므로 $P \leq P_0$이다. 우리는 P_0을 P의 문턱으로 해석할 수도 있다. 훨씬 더 중요한 사실은 I를 P에 대한 반응으로 해석할 수 있다는 것이다. 정보량을 어떤 확률에 대한 반응으로 해석할 수 있다는 것이 이상하게 보여서 쉽사리 납득되지는 않을 것이다. 하지만 확률을 특별한 종류의 자극이라고 간주하고 정보량을 특별한 종류의 반응이라고 간주하면 된다. 이 특별한 자극은 물리적 단위를 갖지 않는다는 점에서 보통의 물리적 자극과 본질적으로 다르다.

11.2.2. 정보량은 확률의 감소함수이다.

페히너 법칙을 살펴보고 나서 독자는 반응이 자극의 증가함수라고 생각할 수도 있다. 그러나 반드시 그렇지도 않다. 별의 등급체계의 경우 밝을수록 더 낮은 수치의 등급을 부여했다는 사실을 떠올리길 바란다. 결론적으로 말해서, 반응이 자극의 증가함수가 되도록 비례상수를 할당해도 되고 감소함수가 되도록 할당해도 된다. 한편, 정보량의 정의식에서 정보량은 확률의 감소함수이다. 우리가 지금 정보량의 정의식과 페히너 함수식을 비교하는 상황에서 뭐가 감소함수고 뭐가 증가함수라는 사실은 본질적인 문제가 아니다.

11.2.3. 결론

우리가 지금 정보량의 정의식과 페히너 함수식을 비교하는 상황에서 본질적으로 중요한 사실은 두 함수가 로그함수이고 둘 다 문턱을 갖는다는 것이다. 이런 유사성을 바탕으로, 페히너 법칙과 정보량을 연관지을 수 있지 않을까 하는 논문이 2010년에 등장했다. 사실 이 논문의 저자는 바로 필자이다. 필자는 이 논문을 작성하자마자 그 유명한 arXiv에 등록했다. 학자의 길을 걷는 사람이라면 arXiv에 대해서 알고 있는 사람들이 많을 것이다. arXiv는 논문 저자들이 자신의 논문을 정식 학술지에 투고하기 전에 인터넷에 미리 공개하는 논문저장소이다. 정식 학술지가 아닌 만큼 arXiv에 등록된 논문들을 누가 엄밀하게 심사하는 것은 아니다. 그러나 이 논문저장소는 세계적으로 그 권위를 인정받고 있고 MIT에서는 이 곳에 등록된 논문들을 대상으로 발상이 가장 뛰어난 논문을 하루에 한 편씩 선정하여 논문 내용에 대한 평가를 하고 있다. MIT는 필자가 작성하여 등록했던 논문을 2010년 2월 24일의 논문으로 선정했다.

비록 필자의 논문이 발상이 뛰어난 논문으로 선정되었지만, 페히너 법칙과 정보량을 구체적으로 어떻게 연관지을 것인가 하는 것은 현 시점에서 명확하지 않다. 필자의 발상은 아직 현재진행형이다. 그러나 정보량의 정의식과 페히너 함수식의 유사점을 발견했다는 것만으로도 MIT는 필자의 논문을 발상이 우수한 논문으로 선정했다. 논문 결론의 앞부분만 조금 살펴보자면, 필자는 발생확률을 특별한 종류의 자극으로 규정했다. 상당히 이상하게 들릴 것이다. 확률을 일종의 자극으로 규정하다니! 심지어 확률에는 물리적 단위도 없다. 그래서 필자는, 확률에는 물리적 단위가 없다는 점에서, 발생확률을 수학적 자극이라고 부르는 것이 적절하다고 설명했다. 이 수학적 자극은 베버-페히너 법칙의 지배를 받는다고 필자는 제안했다.

제12장

부록

12.1. 로그함수

$a \neq 1$이고 $a>0$이라고 하자. 또한 $x>0$이고 $y>0$이라고 하자. 이때 $y=a^x$이 성립하면, x는 a를 밑으로 하는 y의 로그라고 정의하며 $x=\log_a y$으로 표기한다.

더 나아가서, a값이 고정되고 x값이 자유롭게 변하는 함수 $y=\log_a x$를 로그함수라고 부른다.

12.2. 멱함수

$y=x^n$ 형태의 함수를 멱함수라고 한다. 이 함수식에서 지수 n이 반드시 정수일 필요는 없다. n은 상수이며 x가 변수이다.

12.3. 지수함수

a가 음이 아닌 실수일 때 $y=a^x$ 형태의 함수를 지수함수라고 한다. a는 상수이며 x가 변수이다. 지수함수의 역함수는 로그함수이다.

12.4. 등비수열에 로그를 취하면 등차수열

등비수열 $\{a, ar, ar^2, ar^3, \cdots\}$을 고려하자. 이 등비수열의 모든 항에 로그를 취하면 그 결과는 $\{\log a, \log ar, \log ar^2, \log ar^3, \cdots\}$이 된다. 흥미롭게도,

이 수열은 등차수열이다. 이 사실을 우리는 매우 쉽게 확인할 수 있다. 즉

$$\log ar - \log a = \log ar^2 - \log ar = \log ar^3 - \log ar^2 = \log r$$

을 통해 알 수 있듯이, 등비수열에 로그를 취하면 항상 등차수열이 된다.

12.5. 기하평균에 로그를 취하면 산술평균?

서문에서 비율을 나타내는 값들의 평균은 기하평균임을 알았다. 그렇다면 기하평균에 로그를 취하면 어떻게 될까? 결과는 산술평균일까? 기하평균 $\sqrt[n]{r_1 \times r_2 \times \cdots \times r_{n-1} \times r_n}$에 로그를 취하면

$$\log \sqrt[n]{r_1 \times r_2 \times \cdots \times r_{n-1} \times r_n} = \frac{\log (r_1 \times r_2 \times \cdots \times r_{n-1} \times r_n)}{n} = \frac{\log r_1 + \log r_2 + \cdots + \log r_{n-1} + \log r_n}{n}$$

을 얻는다. 산술평균이기는 한데 원래의 수들의 산술평균은 아니다. 원래의 수들에 로그를 취한 값들의 산술평균이다.

필자가 지금까지 출판한 책들

순서	제목	출간일
1	Visual C++ 6.0으로 구현하는 수치해석	2001.03
2	Visual C++ 6.0으로 구현하는 기초적 물리현상 시뮬레이션	2001.05
3	디지탈 사운드와 디지탈 음악 구현에 중점을 둔 Mathematica 4	2001.10
4	Visual C++ 6.0으로 구현하는 정전기학, 기하광학, 기초적인 3차원 컴퓨터 그래픽	2001.11
5	Visual C++ 6.0으로 구현하는 수치해석학 2002	2002.01
6	Visual C++ 6.0으로 구현하는 기초적 물리현상 시늉내기 2002	2002.01
7	초보자를 위한 푸리에 해석학	2002.03
8	원주율에 대한 수학자들의 열정과 C/C++ 언어로 도전하는 원주율 계산	2002.04
9	물리학(Physics)과 생리학(Physiology)으로 풀어가는 음악(Music)의 신비	2002.08
10	Java 언어로 구현하는 수치해석학	2002.08
11	Visual C++ 6.0으로 구현하는 수치해석학 2003	2003.01
12	고속 푸리에 변환(Fast Fourier Transform)으로 구현하는 무한정밀도(Infinite Precision)	2003.03
13	물리학자 푸리에와 고속 푸리에 변환	2003.08

14	Visual C++ 6.0과 GNU 컴파일러로 구현하는 수치해석학 2004	2004.02
15	Visual C++ 6.0과 GNU 컴파일러로 구현하는 수치해석학 2005	2005.03
16	통계분포 모의실험과 Mersenne Twister	2005.06
17	셈틀에서 태어난 수치해석학 완전판 셈틀에서 태어난 수치해석학 기본판	2008.05
18	Visual C++ 6.0으로 구현한 전산물리학	2008.06
19	화음의 신비	2008.08
20	Visual C++ 6.0으로 구현한 3차원 컴퓨터 그래픽	2008.09
21	Visual C++ 6.0으로 구현한 정전기학과 기하광학	2008.10
22	수학도깨비에게 작도 배우기	2009.01
23	수학도깨비에게 원주율 배우기	2009.03
24	수학도깨비에게 인코딩 및 정보이론 배우기	2009.04
25	공무원 전기자기학 2013 수험서	2013.05
26	공무원 전기기기 2013 수험서	2013.07